供配电技术实验指导

主　编　朱光平　贾渭娟　胡　敏

主　审　朱家富

重庆大学出版社

内容提要

本书是根据供配电技术课程教学的基本要求,基于 DJZ-Ⅲ型电气控制与继电保护实验台的基础上编写而成。其内容包括:高压一次设备认识、开关设备操作实验、低压配电柜一次设备与二次原理与接线、动力配电箱控制回路原理与接线、常规继电器特性实验、DCD-5 型差动继电器特性实验、输电线路电流电压常规保护实验、电磁型三相一次重合闸实验、输电线路的电流微机保护实验、变压器差动保护实验、线路送电倒闸操作、线路停电倒闸操作、两路进线供电转一路供电倒闸操作、一路进线供电转两路供电倒闸操作,共 14 个实验。

本书可作为应用型高等院校电类专业供配电技术课程的配套实验指导书,也可供相关工程技术人员参考。

图书在版编目(CIP)数据

供配电技术实验指导/朱光平,贾渭娟,胡敏主编.—重庆:重庆大学出版社,2015.8(2021.12 重印)

高等学校电气工程及其自动化专业应用型本科系列教材

ISBN 978-7-5624-9066-1

Ⅰ.①供… Ⅱ.①朱…②贾…③胡… Ⅲ.①供电系统—高等学校—教材②配电系统—高等学校—教材 Ⅳ.①TM72

中国版本图书馆 CIP 数据核字(2015)第 140474 号

供配电技术实验指导

主　编　朱光平　贾渭娟　胡　敏
主　审　朱家富
策划编辑:杨粮菊
责任编辑:陈　力　　版式设计:杨粮菊
责任校对:邹小梅　　责任印制:张　策

*

重庆大学出版社出版发行
出版人:饶帮华
社址:重庆市沙坪坝区大学城西路 21 号
邮编:401331
电话:(023)88617190　88617185(中小学)
传真:(023)88617186　88617166
网址:http://www.cqup.com.cn
邮箱:fxk@ cqup.com.cn(营销中心)
全国新华书店经销
POD:重庆新生代彩印技术有限公司

*

开本:787mm×1092mm　1/16　印张:8.75　字数:153千
2015 年 8 月第 1 版　　2021 年 12 月第 3 次印刷
ISBN 978-7-5624-9066-1　定价:29.00 元

前 言

为适应人才培养目标的要求、教学特点和培养应用型人才的需要,本书通过实验巩固供配电技术理论知识,培养学生的实践技能、动手能力和分析问题及解决问题的能力,启发学生的创新意识并发挥创新思维潜力,是配合相关理论课程教学的一个重要环节。

本书作为应用型本科学校电类工科专业供配电技术课程的实验教材,是按照模块化、网络化这一新的教学理念和教学体系编写的。具有下述特点:

1.引进新技术,教学灵活多样

紧密配合课程体系改革和实验教学改革的需要,引入计算机仿真实验和网络化管理技术,将计算机仿真实验与传统的实际工程实验有机地结合,以提供给学生先进的实验技术和发挥想象力、创造力的空间。力求在教材编写中体现出:将过去的单纯验证性实验转变为基础强化实验;将过去的综合性实验转变为应用性实验。

2.内容充实,实验项目多样化

本书针对课程特点,根据教学大纲要求,对每个实验的实验目的、实验原理、实验内容及步骤、设计方法、注意事项等部分分别进行了阐述,以适应不同专业学生的实验要求。

3.通用性强

本书能与学校的实验设备配套使用,满足教学大纲要求,适应性强。

本书由朱光平负责全书的策划、组织、统稿和定稿,并编写了前言、概述、实验5—实验7。参加本书编写的还有:重庆大学城市科技学院贾渭娟、重庆城市管理职业学院康亚、南宁学院唐月夏(实验1—实验4);重庆科技学院任毅、朱光平(概述、前言、附录1—附录3);朱光平、胡敏、张义辉(实验5—实验7);张海燕、常继彬、李翠英(实验8—实验10);胡刚、石岩、张锐(实验11—实验14)。

本书由朱家富担任主审,并提出了许多指导性的宝贵意见和建议,同时也得到重庆科技学院实验中心的大力支持和帮助,在此一并表示感谢。

由于编者水平有限,书中难免存在疏漏之处,恳请读者和同行老师提出批评和改进意见,以便再版时修改提高。

编　者

2015 年 1 月

目录

概　述

一、实验目的

实验是教学过程中的一个重要环节,必须认真完成,其目的:

①配合理论教学,使学生增加供电方面的感性认识,巩固和加深供电方面的理性知识,提高课程教学质量。

②培养学生使用各种常用设备仪表进行供电方面实验的技能,并培养其分析处理实验数据和编写报告的能力。

③培养严肃认真、细致踏实、重视安全的工作作风和团结协作、注意节约、爱护公物、讲究卫生的优良品质。

DJZ-Ⅲ型变配电教学实验装置在于使学生掌握系统运行的原理及特性,学会通过故障运行现象及相关数据分析故障原因,并排除故障。通过实验使学生能够根据实验目的、实验内容及测量数据进行分析研究,得出必要结论,从而完成实验报告。在整个实验过程中,学生必须集中精力,认真做好实验。

二、实验要求

①每次实验前,必须认真预习有关实验指导书,明确实验任务、要求和步骤,结合复习有关理论知识,分析实验,并牢记实验中应注意的问题,以免在实验中出现差错或发生事故。

②每次实验时,首先要检查设备仪表是否齐备、完好、适用,了解其型号、规格和使用方法,并按要求抄录有关铭牌数据。然后按实验要求合理安排设备仪表位置,接好线路。学生自己先行检查无误后,再请指导教师检查。只有指导教师检查认可后方可合上电源进行实验。

③实验中,要做好对实验现象、数据的观测和记录,要注意仪表指示不宜太大或太小。如果指示太大,超过了满刻度,有可能损坏仪表;如果仪表指示太小,读数又有困难,且误差太大。仪表的指示以在满刻度的 1/3 至 3/4 之间为宜。因此实验时要正确选择仪表的量程,并在实验过程中根据指示情况及时调整量程。在调整量程时,应切断电源。由于实验中要操作、读数和记录,所以同组同学,要适当分工,互相配合,以保证实验顺利进行。

④在实验过程中,要注意有无异常现象发生。如发现异常现象,应立即切断电源,分析原因。待故障消除后再继续进行实验。实验中要特别注意人身安全,防止触电事故。

⑤实验内容全部完成后,要认真检查实验数据是否合理和有无遗漏。实验数据需经指导教师检查认可后,方可拆除实验线路。在拆除实验线路前,必须先切断电源。实验结束后,应将设备、仪表复归原位,并清理好导线和实验桌面,作好周围环境的清洁卫生。

三、实验总结

实验总结是实验的最后阶段,应对实验数据进行整理、绘制波形和图表,分析实验数据并撰写实验报告。每位实验参与者要独立完成一份实验报告,实验报告的编写应持严肃认真、实事求是的科学态度。在实验结果与理论有较大出入时,不得随意修改实验数据和结果,而应用理论知识来分析实验数据和结果,解释实验现象,找出引起较大误差的原因。

实验报告是根据实测数据和在实验中观察发现的问题,经过自己分析研究或者分析讨论后写出的实验总结和心得体会,应简明扼要、字迹清楚、图表整洁、结论明确。

实验报告应包括下述内容。

①实验名称,实验日期、班级,实验者姓名,同组者姓名。

②实验任务和要求。

③实验设备。

④实验线路。

⑤实验数据、图表。实验数据均取 3 位有效数字,按 GB 8170—87《数值修约规则》的规定进行数字修约。绘制曲线,必须用坐标纸,坐标轴必须标明物理量和单位,曲线必须连接平滑。

⑥对实验结果进行分析处理并回答实验指导书所提出的思考题。

实验 1

高压一次设备认识

一、实验目的

①认识 10 kV 高压柜一次系统电气图。

②认识一次系统电气设备隔离开关、断路器、负荷开关、熔断器、电流互感器、电压互感器、避雷器等电气符号及对应的实物。

③掌握一次系统电气设备的相关属性及适用范围。

④掌握开关送电顺序及高压柜里设备的接线。

⑤了解二次接线对一次设备的检测、控制与保护作用。

二、实验设备

①HXGN-12-G1　电源进线柜。

②HXGN-12-G2　计量柜。

③HXGN-12-G3　母线 PT 柜。

④HXGN-12-G4　出线柜。

三、实验设备原理

1.隔离开关

隔离开关是一个简单的高压开关,在实际中也称为刀闸。由于隔离开关没有专门的灭弧装置,故不能用来开断负荷电流和短路电流。

在配电装置中,隔离开关的主要用途如下所述。

①用隔离开关在需要检修的部分和其他带电部分构成明显可见的断口,保证检修工作的安全。

②利用"等电位原理",用隔离开关进行电路的切换工作。

③由于隔离开关通过拉长电弧的方法灭弧,具有切断小电流的可能性,所以隔离开关可用于下述操作:

a.断开和接通电压互感器和避雷器。

b.断开和接通母线或直接连接在母线上设备的电容电流。

c.断开和接通励磁电流不超过 2 A 的空载变压器,或电容电流不超过 5 A 的空载线路。

d.断开和接通变压器中性点的接地线(系统没有接地故障才能进行)。

2.真空断路器

高压断路器是供配电系统中最重要的开关电器。它的作用是使 1 000 V 以上的高压线路在正常负荷下接通或断开;在线路发生短路故障时,通过继电保护装置的作用将故障线路自动断开,使非故障部分正常运行。在断路器中最主要的问题是如何熄灭触头分断瞬间所产生的电弧,所以它必须具备可靠的灭弧装置。

(1)真空断路器的特点

①真空灭弧室的绝缘性能好,触头开距小(12 kV 真空断路器的开距约为 10 mm,40.5 kV 的约为 25 mm),要求操动机构的操作功率小、动作快。

②由于开距小,电弧电压低,电弧能量小,开断时触头表面烧损轻微。因此真空断路器的

机械寿命和电气寿命都很高。特别适宜用于操作频繁的场所。

③真空灭弧室出厂时的真空度应保持为 10^{-4} Pa 以上,运行中不应低于 10^{-2} Pa,因此密封问题特别重要,否则就会导致开断失败,造成事故。

④真空断路器使用安全,维护简单,操作噪声小,防火防爆。在真空开关使用中,灭弧室无须检修。

⑤分断感性负载时会产生过电压。真空灭弧室对高频小电流的灭弧能力很强,在交流电流接近过零瞬间开断电路时还会产生多次复燃过电压和三相截流过电压。为安全起见,常常在真空开关的负载侧加装过电压保护装置,将电压抑制在一定范围内。常用的有氧化锌避雷器和阻容保护装置。

(2)真空断路器灭弧室结构

真空灭弧室的基本元器件有外壳、波纹管、动静触头和屏蔽罩等。在真空灭弧室内,装有一对动、静触头,触头周围是屏蔽罩。灭弧室的外部密封壳体可以是玻璃或陶瓷。动触头的运动部件连接着波纹管,作为动密封。波纹管能在动触头往复运动时保证真空灭弧室外壳的完全密封。

真空开关常用的触头有:圆盘形触头、横向磁场的触头、纵向磁场的触头。

①圆盘形触头只能在不大的电流下维持电弧为扩散型。随着开断电流的增大,阳极出现斑点,电弧由扩散型转变为集聚型电弧就难以熄灭了。增大圆盘形触头的直径可以延缓阳极斑点的形成。

②横向磁场就是与弧柱轴线相垂直的磁场,它与电弧电流产生的电磁力能使电弧在电极表面运动,防止电弧停留在某一点上,延缓阳极斑点的产生,提高开断性能。

③在同样的触头直径下,纵向磁场的触头能够开断的电流最大。纵向磁场的触头结构比较复杂,机械强度不易解决,故该触头比常规的圆盘形触头的损耗大,触头温升高。

3.互感器

(1)互感器的概念

互感器(transformer)是电流互感器与电压互感器的统称。从基本结构和工作原理来说,互感器就是一种特殊变压器。

(2)互感器的分类

互感器分为电流互感器和电压互感器两类。

①电流互感器（current transformer，CT，文字符号为 TA），是一种变换电流的互感器，其二次侧额定电流一般为 5 A。

②电压互感器（voltage transformer，PT，文字符号为 TV），是一种变换电压的互感器，其二次侧额定电压一般为 100 V。

（3）互感器的功能

①互感器可用来使仪表、继电器等二次设备与主电路（一次电路）绝缘，这既可避免主电路的高电压直接引入仪表、继电器等二次设备，也可防止仪表、继电器等二次设备的故障影响主回路，提高一、二次电路的安全性和可靠性，并有利于人身安全。

②互感器可用来扩大仪表、继电器等二次设备的应用范围，通过采用不同变比的电流互感器，用一只 5 A 量程的电流表就可以测量任意大的电流。同样，通过采用不同变压比的电压互感器，用一只 100 V 量程的电压表就可以测量任意高的电压。而且由于采用互感器，可使二次仪表、继电器等设备的规格统一，有利于这些设备的批量生产。

四、实验内容

①由老师讲解实验室安全须知，培养学生的安全意识，严禁不规范操作、接触高压设备；严禁大声喧哗、吵闹等。实验室整体图如图 1.1 所示。

②引导学生认识 10 kV 高压柜（图 1.2），一次系统的电气图（图 1.3、图 1.4），并对相应的图符进行详细说明、讲解。

图 1.1　实验室整体图　　　　　　　　图 1.2　高压柜

项目	12G1	12G2	12C3	12C4
开关柜编号	12G1	12G2	12C3	12C4
开关柜名称	电源进线柜	高压计量柜	母线PT柜	10kV出线柜
开关柜型号	HXGN-12/07	HXGN-12/23	HXGN-12/16	HXGN-12/16
尺寸(宽×深×高)	900×1 000×2 200	500×1 000×2 200	900×1 000×2 200	700×1 000×2 200
隔离开关	GN30-630D/25 kA		GN30-630D/25 kA	GN30-630D/25 kA
断路器	WH-V-12/630-25 kA			
负荷开关				FRN36-12D/T125-31.5
操作机构				SWN8D-Q
接地开关	JSXGN-I 140×350×25			
带电显示器				
电流互感器	LZZBJ12-10 150b/2S 75/5	LZZBJ12-10 150b/2S 75/5		LZZBJ12-10 150b/2S 75/5
电压互感器		JDZ-10 10/0.1kV0.2S		
微机保护装置	SNP-2000		JsZK-10	
避雷器			HY5WS-17/50	
熔断器		XRNP-10/0.5	XRNP-10/0.5	
电流表	2×42L6-A 75/5			2×42L6-75/5A
电磁锁		DSN-AMY DC220V		
容量				
用途	高压进线柜	高压计量柜	高压PT柜	出线
电缆				
进出线方式				
备注				

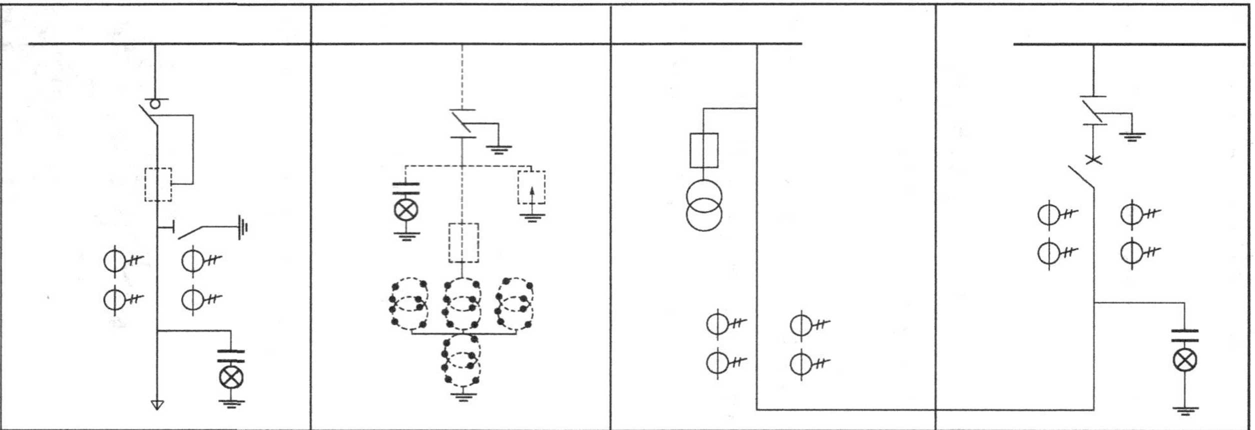

注:电气一次接线图　TMY3×(50×5)

图1.3　一次系统的电气图

主母线	TMY-5×(50×5)									
一次接线方案	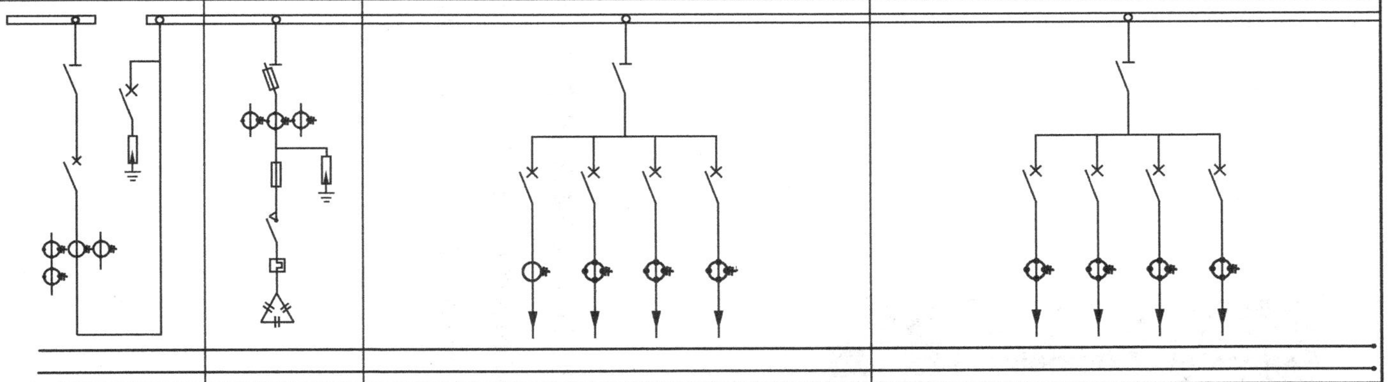									
开关柜编号		5D1	5D2	5D3				5D4			
开关柜型号		GGD2	GGD2	GGD2				GGD2			
主要电气元件	隔离开关	630A	400A	400A				400A			
	断路器	CDW1-630A/3P									
	断路器	DZ47-3P/D63A		100	100	100	100	100	100	100	100
	脱扣器整定电流	800A		100	100	100	100	100	100	100	100
	脱扣器代号			3 300	3 300	3 300	3 300	3 300	3 300	3 300	3 300
	电流互感器	800/5	600/5	100/5	100/5	100/5	100/5	100/5	100/5	100/5	100/5
	无功控制仪		JKG-8								
	熔断器		18×RT16-50A								
	接触器		6×CJ19-43/11								
	热继电器		6×JR36-40A								
	电容器		6×BSMJ0.4-20-3								
	避雷器	NU-80/4P	HY1.5W-0.5/2.6								
用途		总路柜	电容补偿柜	低压馈线柜				低压馈线柜			
柜体尺寸(宽×深×高)		800×600×2 200	800×600×2 200	800×600×2 200				800×600×2 200			

图1.4　一次系统的电气图

③断电操作,打开柜门,对应电气图认识实物(图1.5)。

图1.5　电源进线柜内部结构图

五、实验结果分析

①高压隔离开关、高压负荷开关和高压断路器在结构、性能和操作要求方面各有何特点?

②电流互感器的外壳上为什么要标上"副线圈工作时不许开路"等字样?

③实验报告包括以下内容:实验目的、主要参观的电气设备功能介绍及应用场合、心得体会等。

实验 2

开关设备操作实验

一、实验目的

①掌握开关设备在高压柜中所起的作用及重要性。

②了解开关设备中的电弧理论、灭弧方法及措施。

③掌握高压柜中开关设备停、送电操作工作流程,并注意检修时的安全事项。

④学会看二次设备的接线图,如图 2.1—图 2.4 所示,并掌握二次接线对一次设备的检测、控制与保护作用。

二、实验设备

①HXGN-12-G1 电源进线柜。

②HXGN-12-G2 计量柜。

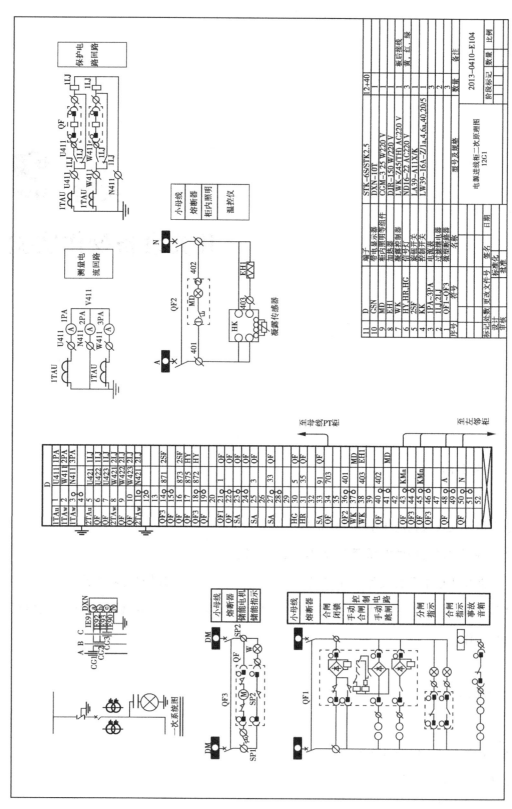

图2.1 进线柜二次原理图

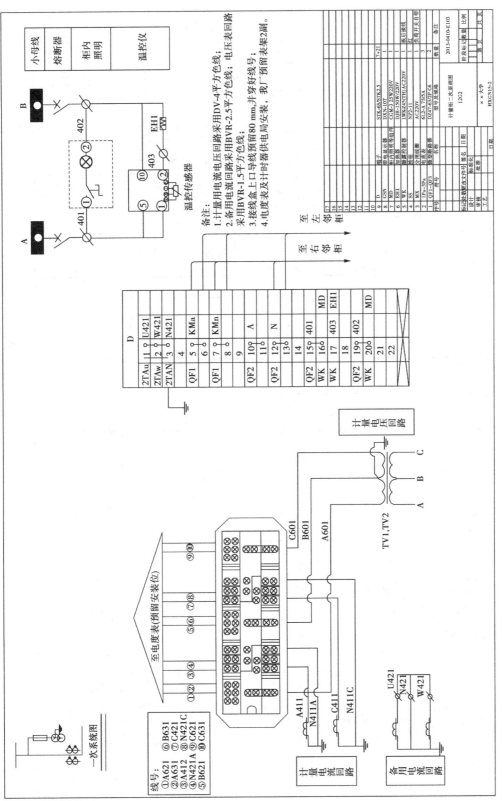

图2.2　计量柜二次原理图

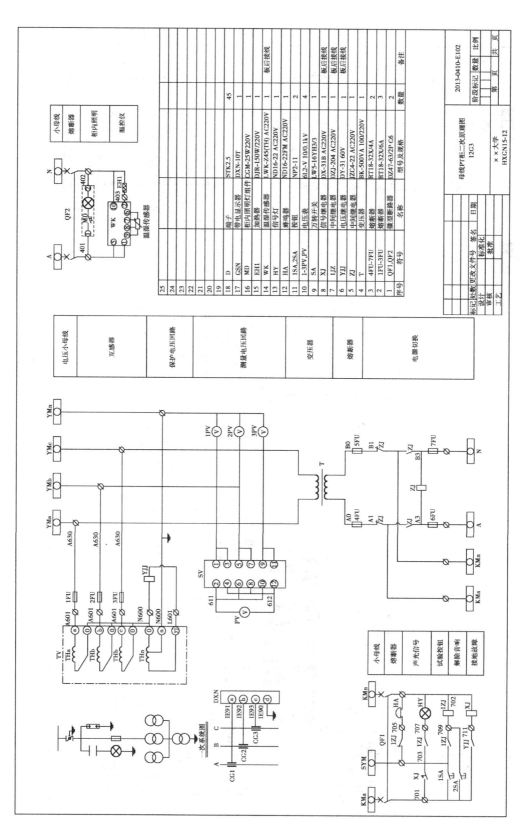

图2.3 母线PT柜二次原理图

序号	符号	名称	型号及规格	数量	备注
25					
24					
23					
22					
21					
20					
19		端子	STK2.5	45	
18	D	带电显示器	DXN-10T	1	
17	GSN	柜内照明灯组件	CGM-25W 220V	1	
16	MD	加热器	DJR-150W 220V	1	板后接线
14	EH1	温湿度传感器	LWK-Z45(TH) AC220V	1	
13	WK	信号灯	ND16-22 AC220V	1	
12	HY	蜂鸣器	ND16-22FM AC220V	1	
11	HA	按钮	NP2-11	2	
10	1SA,2SA	电压表	6L2-V 100/0.1kV	1	
9	1-3PV,PV	万转开关	LW5-16YH3/3	4	
8	SA	中间继电器	DX-31B AC220V	1	
7	XJ	电压继电器	DZJ-204 AC220V	1	板后接线
6	1JZ	中间继电器	DY-31 60V	1	板后接线
5	YJJ	变压器	JZC4-22 AC220V	1	板后接线
4	ZJ	熔断器	BK-500VA 100/220V	1	
3	T	熔断器	RT18-32X/4A	2	
2	4FU-7FU	微型断路器	RT18-32X/6A	3	
1	1FU-3FU		DZ47-63/2P C6	2	
	QF1,QF2				

2013-0410-E102			
阶段标记	数量	比例	
第 页	共 页		

母线PT柜二次原理图		××大学
12C3		HXGN15-12

标记	处数	更改文件号	签名	日期
设计				
审核			标准化	
工艺			批准	

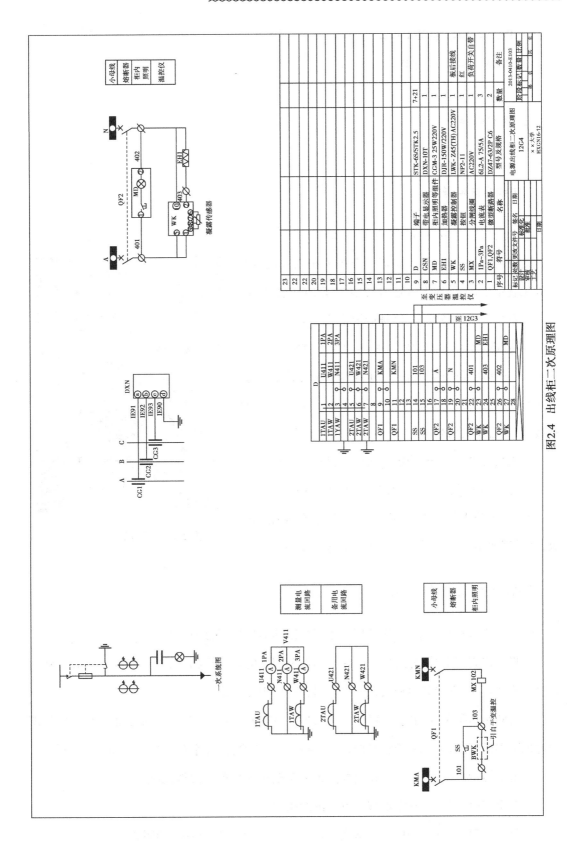

图2.4　出线柜二次原理图

③HXGN-12-G3 母线 PT 柜。

④HXGN-12-G4 出线柜。

三、实验内容

1.进线柜送电操作

①关闭好所有柜门,并锁好,如图 2.5 所示。

②推上转运小车,将断路器手车推入柜内并使其在实验位置定位,手动插上航空插,关上手车门并锁好。

③观察上柜门各仪表、信号指示是否正常。

④将断路器手车摇柄插口并用力压下,顺时针转动摇柄,在摇柄明显受阻并伴有"咔嗒"声时取下摇柄,此时手车处于工作位置,航空插被锁定,断路器手车主回路接通,查看相关信号。

⑤观察带电显示器,确定外线电源已送至本柜。

⑥操作仪表门上合,分转换开关使断路器合闸送电,同时仪表门上红色合闸指示灯亮,绿色分闸指示灯灭,查看其他相关信号,如一切正常,则送电成功。

图 2.5　高压柜的电源进线柜

2.进线柜停电(检修)操作

①观察所有柜相关信号,确认所有出线柜断路器均处于分闸位置。

②操作仪表门上合、分转换开关使断路器分闸停电,同时仪表门上红色合闸指示灯灭,绿色分闸指示灯亮,查看其他相关信号,如一切正常,则停电成功。

③将断路器手车摇柄插口并用力压下,逆时针转动摇柄,在摇柄明显受阻并伴有"咔嗒"声时取下摇柄,此时手车处于实验位置,航空插锁定解除,打开手车室门,手动脱离航空插。

④推上转运小车使其锁定,拉出断路器手车至转运小车,移开转运小车。

⑤观察带电显示器,确定不带电方可继续操作。

⑥打开下门,验电、放电,挂接地线,维修人员可进入维护、检验,如图 2.6 所示。

图 2.6 高压柜的电源进线柜的隔离开关

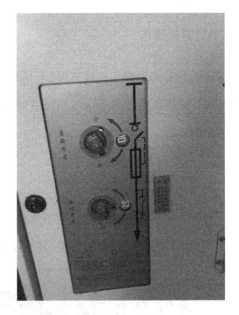

图 2.7 高压柜的出线柜的负荷开关

3.出线柜送电操作

①关闭所有柜门及后封板,并锁好,如图 2.7 所示。

②将接地开关操作手柄插入中门右下侧六角孔内,逆时针旋转,使接地开关处于分闸位置,取出操作孔处联锁板自动弹回,遮住操作孔,柜下门闭锁。

③推上转运小车使其定位,将断路器手车推入柜内并使其在实验位置定位,手动插上航空插,并上手车室门并锁好。

④关上柜门各仪表,观察信号指示是否正常。

⑤将断路器手车摇柄插口并用力压下,顺时针转动摇柄,在摇柄明显受阻并伴有"咔嗒"声时取下摇柄,此时手车处于工作位置,航空插被锁定,断路器手车主回路接通,查看相关信号。

⑥操作仪表门上合,分转换开关使断路器合闸送电,同时仪表门上红色合闸指示灯亮,绿色分闸指示灯灭,查看带电显示及其他相关信号,如一切正常,则送电成功。

4.出线柜停电操作

停电操作顺序与进线柜停电操作流程一样。

5.计量柜操作

计量手车为动静头直接连接,不具有分段能力,绝对不能带负荷摇动计量手车,计量手车和进线开关柜断路器具有电气机械联锁,在进线断路器分闸后才能操作,不可强行操作,以免损坏联锁装置。

6.母线 PT 柜操作

①送电时所有手车都必须处于工作位,工作指示灯亮。不使用高压柜时,手车要摇到实验位,使手车脱离回路,保证安全,其二次测量仪表如图 2.8 所示。

图 2.8　高压柜的母线 PT 柜二次测量仪表

②送电时用分合闸手柄,先分接地刀,再合负荷开关。

③先分负荷开关,再合接地刀。

四、实验结果分析

①拉、合隔离开关前,应检查断路器位置是否正确,操作中不能随意解除防误闭锁装置。且隔离开关机构故障时,不得强行拉合。

②停电时操作应按断路器、负载侧隔离开关、电源侧隔离开关的顺序进行；送电时，顺序与此相反。

③知道负荷开关与隔离开关及断路器的区别。

④实验报告包括以下几部分：实验目的、实验原理、实验步骤与内容、实验结果及分析、原始数据记录、心得体会等。

实验 **3**

低压配电柜一次设备与二次原理与接线

一、实验目的

①掌握 0.4 kV 低压柜(图 3.1)和一次系统电气图(图 3.2)。

②了解 0.4 kV 低压一次系统的整体结构原理。

③分别了解进线柜、电容柜和出线柜的二次系统原理(图 3.3—图 3.5)。

④了解电容柜及出线柜的内部结构和原理接线。

⑤掌握进线柜、电容柜和出线柜的工作原理及其主要设备的作用及其对应的保护措施。

二、实验设备

①GGD-5D1 进线柜。

②GGJ-5D2 电容柜。

③GGD-5D3、GGD-5D4 出线柜。

图 3.1 低压柜整体图

三、实验内容

为了改善电网功率因数低带来的能源浪费问题,故必须使电网功率因数得到有效提高,显然这些无功功率如果都要由发电机提供并远距离输送是不合理的。合理的办法就是在需要无功功率的地方产生无功功率,即增加无功功率补偿设备与装置。在实际电力系统中,用电设备均属感性负载,其等效电路可看作电阻和电感的串联电路,其电压和电流的相位差较大,功率因数较低。并联电容器后,电容器的电流将抵消一部分电感电流,使得电感电流减小,总电流随之减小,电压与电流的相位差变小,使功率因数提高。

1.电容柜的接线及内部设备

①进线柜(图 3.6)的出线接入电容柜(图 3.7),经过熔断器后连接到电流互感器,经过电流互感器接入熔断器,再接入接触器,到达热继电器,最后以三角形方式接入电容器。为防止雷电作用,限制过电压,应在电流互感器后接入一个避雷器。

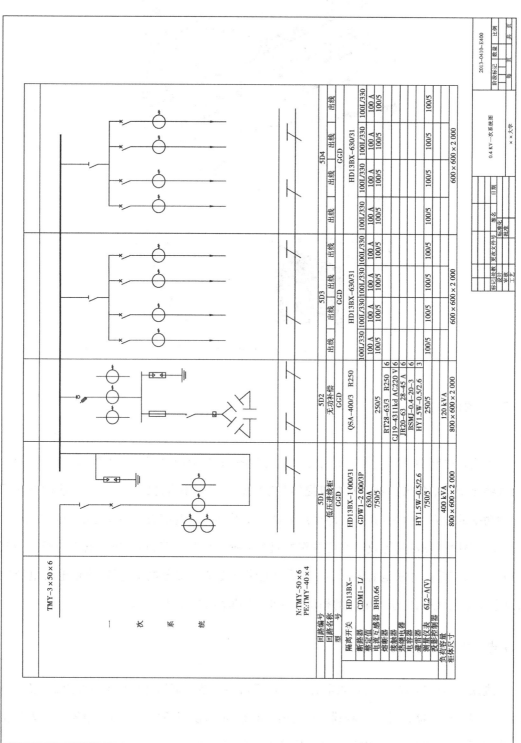

图3.2 0.4 kV一次系统图

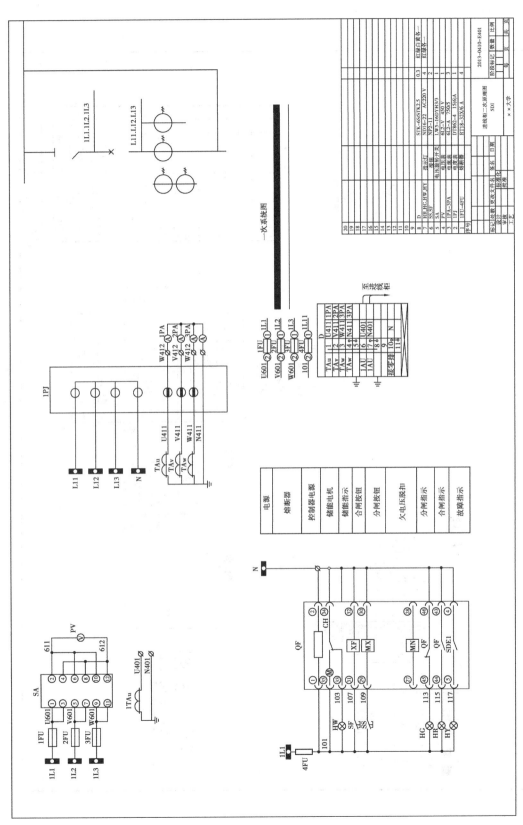

图3.3　进线柜二次原理图

23

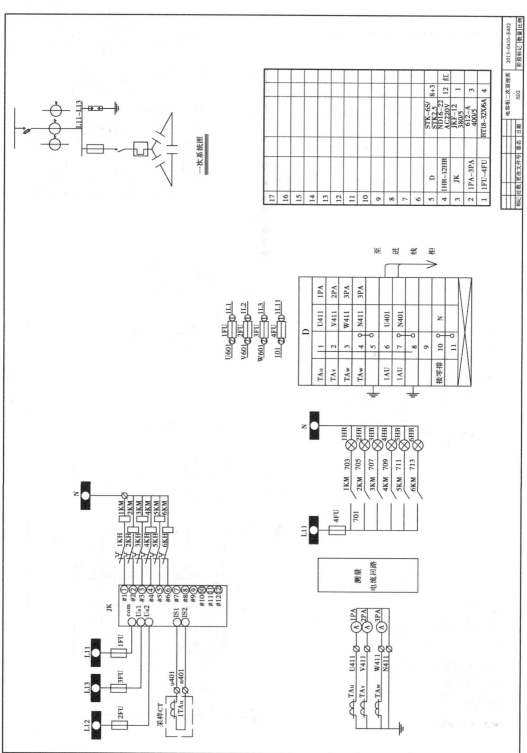

图3.4 电容柜二次原理图

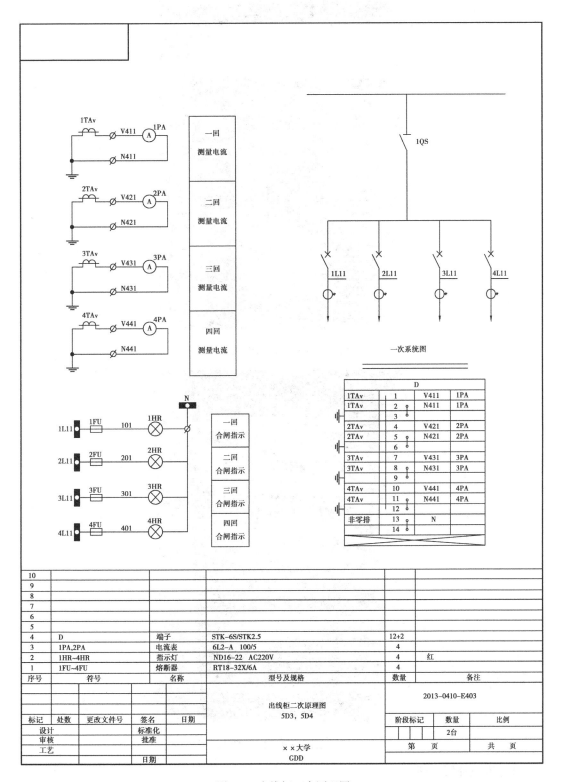

图 3.5　出线柜二次原理图

图 3.6　低压柜进线柜内部结构图

图 3.7　低压柜电容柜内部结构图

②电容柜补偿原理。

③电容柜补偿作用。

④串联电抗器作用。

⑤电容柜主要设备及其作用。

2.出线柜的接线及内部设备

①主进线接入电容柜后,接入一个隔离开关,然后再接入一个断路器,经过接入电流互感器后接入负载。根据负载的多少选择经过隔离开关后的支路数。

②出线柜(图3.8)主要设备及其作用。

③二次回路仪表。

图 3.8　低压柜出线柜内部结构图

四、实验结果分析

①电容柜的主要功能:提高功率因数,短路时稳定电网系统电压、提高系统电压,并起到滤波的效果。安装的电容器组是用来补偿电网中的无功损耗的。

②实验报告包括以下几部分:实验目的、实验原理、实验步骤与内容、实验结果及分析、原始数据记录、心得体会等。

实验 *4*

动力配电箱控制回路原理与接线

一、实验目的

①掌握配电箱的工作流程,如图4.1所示。

②配电箱的接线工作原理。

③掌握控制回路中电器设备的功能与作用。

④根据所提供的图纸,学会对控制回路的接线,加强实践动手能力。

二、实验设备

动力配电箱 AP。

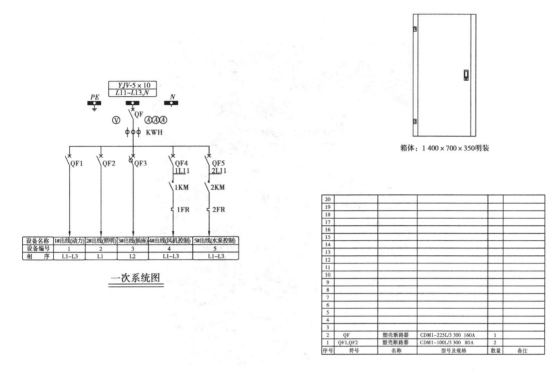

箱体：1 400×700×350明装

20					
19					
18					
17					
16					
15					
14					
13					
12					
11					
10					
9					
8					
7					
6					
5					
4					
3					
2	QF	塑壳断路器	CDM1-225L/3 300 160A	1	
1	QF1,QF2	塑壳断路器	CDM1-100L/3 300 80A	2	
序号	符号	名称	型号及规格	数量	备注

图 4.1　动力配电箱 AP

三、实验内容

在二次侧面板上,通过信号灯来指示设备的运行状态。如开关电器的通断状态,这使得进行操作的人员可以清楚地了解该设备现行位置状态,以免发生误操作。还可以通过操作面板的按钮,控制投入工作的支路电路,当控制回路短路或过载时,保护元件会动作切断控制回路,当一次负荷发生故障时,可通过控制元器件进行切断回路等操作。

①打开动力配电箱(图 4.2),根据配电箱图纸找到相应的控制回路。

②对动力配电箱主接线进行梳理。电源接入配电箱经过断路器由电流互感器将输入电流转换为 5 A,经过 5 条负载到达出线。其中 5 条支路配电设备如下:1、2 条支路电流互感器流入输入电流,经过一个断路器后直接接入负载。3 支路由电流互感器输入后,经过一个漏电断路器后直接接入负载。4、5 支路由电流互感器输入后,先经过一个微型断路器,再接入一个接触器,最后经一个热继电器接上负载。

③控制回路的接线。接线经过电流互感器后,接入一个熔断器4FU,经过熔断器分成两条支路。第一条支路:由端子号 101 接到屏面上的开关 1SS,当其按下时,就相当于断开,此时

图 4.2　动力配电箱内部结构图

101 的另一端到接触器,从其出口端出来走 115 端子的线路接在屏面上的指示灯一端,另一端接回 N 端,此时指示灯 1HG 亮,表示停止运行。当 1SS 不断开时,端子 115 线路中的 1KM 断开,101 的线一端接至按钮 1SS,另一端接至 105,此时分两路,一路 105 至 1KM 闭合,1HR 亮,1KM 的另一端接 107 至热继电器,再接至接触器线卷 109 端子,最后回到 N 端,此时指示灯亮表示正在运行。其他回路的接线同理。

四、实验结果分析

①在动力配电箱的控制回路中,通过手动控制屏面上的 1SS、1SF 来控制配电箱上的指示灯,以表示其为运行或停止状态。

②按照控制回路接线图,编号相同的为同一根线,接线时要看清楚,不可误解。

③实验报告包括以下几部分:实验目的、实验原理、实验步骤与内容、实验结果及分析、原始数据记录、心得体会等。

实验 **5**

常规继电器特性实验

一、实验目的

①了解继电器基本分类方法及其结构。

②熟悉几种常用继电器,如电流继电器、电压继电器、时间继电器、中间继电器、信号继电器等的构成原理。

③学会调整、测量电磁型继电器的动作值、返回值和计算返回系数。

④测量继电器的基本特性。

⑤学习和设计多种继电器配合实验。

二、继电器的类型与原理

继电器是电力系统常规继电保护的主要元件,它的种类繁多,原理与作用各异。

1.继电器的分类

继电器按所反应物理量的不同可分为电量与非电量两种。属于非电量的有瓦斯继电器、速度继电器等;反应电量的种类比较多,一般分为下述种类。

①按结构原理分为电磁型、感应型、整流型、晶体管型、微机型等。

②按继电器所反应的电量性质可分为电流继电器、电压继电器、功率继电器、阻抗继电器、频率继电器等。

③按继电器的作用分为启动动作继电器、中间继电器、时间继电器、信号继电器等。

近年来电力系统中已大量使用微机保护,整流型和晶体管型继电器以及感应型、电磁型继电器使用量已有所减少。

2.电磁型继电器的构成原理

继电保护中常用的有电流继电器、电压继电器、中间继电器、信号继电器、阻抗继电器、功率方向继电器、差动继电器等。下面仅就常用的电磁型继电器的构成及原理作简要介绍。

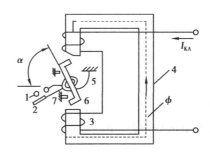

图 5.1　DL 系列电流继电器

1—固定触点;2—可动触点;3—线圈;

4—铁芯;5—弹簧;6—转动舌片;7—止挡

(1)电磁型电流继电器

电磁型继电器的典型代表是电磁型电流继电器,它既是实现电流保护的基本元件,也是反应故障电流增大而自动动作的一种电器。

下面通过对电磁型电流继电器的分析来说明一般电磁型继电器的工作原理和特性。图 5.1 所示为 DL 系列电流继电器的结构图。

当线圈中通过电流 I_{KA} 时,铁芯中产生磁通 Φ,它通过由铁芯、空气隙和转动舌片组成的

磁路,即顺时针方向转动,从而使继电器触点闭合。电磁力 F_e 与磁通 Φ 的平方成正比,即

$$F_e = K_1\Phi^2$$

其中

$$\Phi = \frac{I_{KA}N_{KA}}{R_C}$$

所以

$$F_e = \frac{K_1 I_{KA}^2 N_{KA}^2}{R_C^2}$$

式中　N_{KA}——继电器线圈匝数;

　　　R_C——磁通 Φ 所经过的磁路的磁阻。

分析表明,电磁力矩 M_e 等于电磁力 F_e 与转动舌片力臂 l_{KA} 的乘积,即

$$M_e = F_e l_{KA} = K_1 l_{KA}\frac{N_{KA}^2}{R_C^2}I_{KA}^2 = K_2 I_{KA}^2 \tag{5.1}$$

式中　K_2——与磁阻、线圈匝数和转动舌片力臂有关的一个系数,$K_2 = K_1 l_{KA}\dfrac{N_{KA}^2}{R_C^2}$。

由式(5.1)可知,作用于转动舌片上的电磁力矩与继电器线圈中的电流 I_{KA} 的平方成正比,因此,M_e 不随电流的方向而变化,所以,电磁型结构可以制造成交流或直流继电器。除电流继电器之外,应用电磁型结构的还有电压继电器、时间继电器、中间继电器和信号继电器。

为了使继电器动作(衔铁吸持,触点闭合),它的平均电磁力矩 M_e 必须大于弹簧及摩擦的反抗力矩之和(M_S+M)。所以由式(5.1)可得到继电器的动作条件是:

$$M_e = K_1 \cdot l_{KA}\frac{N_{KA}^2}{R_C^2}I_{KA}^2 \geqslant M_S + M \tag{5.2}$$

当 I_{KA} 达到一定值后,式(5.2)即能成立,继电器动作。能使继电器动作的最小电流称为继电器的动作电流,用 I_{OP} 表示,在式(5.2)中用 I_{OP} 代替 I_{KA} 并取等号,移项后得:

$$I_{OP} = \frac{R_C}{N_{KA}}\sqrt{\frac{M_S + M}{K_1 l_{KA}}} \tag{5.3}$$

从式(5.3)可知,I_{OP} 可用下列方法来调整:

①改变继电器线圈的匝数 N_{KA}。

②改变弹簧的反作用力矩 M_S。

③改变能引起磁阻 R_C 变化的气隙 δ。

当 I_{KA} 减小时,已经动作的继电器在弹簧力的作用下会返回到起始位置。为使继电器返回,弹簧的作用力矩 M_S' 必须大于电磁力矩 M_e' 及摩擦的作用力矩 M'。继电器的返回条

件为：

$$M'_{S} \geqslant M'_{e} + M' = K'_{2}l_{KA}\frac{N^{2}_{KA}}{R'^{2}_{C}}I^{2}_{KA} + M' \tag{5.4}$$

当 I_{KA} 减小到一定数值时，式(5.4)即能成立，继电器返回。能使继电器返回的最大电流称为继电器的返回电流，并以 I_{re} 表示。在式(5.4)中，用 I_{re} 代替 I_{KA} 并取等号且移项后得：

$$I_{re} = \frac{R'_{C}}{N_{KA}}\sqrt{\frac{(M'_{S} - M')}{K'_{2}l_{KA}}} \tag{5.5}$$

返回电流 I_{re} 与动作电流 I_{OP} 的比值称为返回系数 K_{re}，即 $K_{re} = I_{re}/I_{OP}$。反应电流增大而动作的继电器 $I_{OP} > I_{re}$，因而 $K_{re} < 1$。对于不同结构的继电器，K_{re} 不相同，且在 0.1~0.98 这个相当大的范围内变化。

（2）电磁型电压继电器

电压继电器的线圈是经过电压互感器接入系统电压 U_{S} 的，其线圈中的电流为：

$$I_{r} = \frac{U_{r}}{Z_{r}} \tag{5.6}$$

式中　U_{r}——加于继电器线圈上的电压，等于 U_{S}/n_{pT}（n_{pT} 为电压互感器的变比）；

　　　Z_{r}——继电器线圈的阻抗。

继电器的平均电磁力 $F_{e} = KI^{2}_{r} = K'U^{2}_{S}$，因而其动作情况取决于系统电压 U_{S}。我国工厂生产的 DY 系列电压继电器的结构和 DL 系列电流继电器相同，它的线圈是用温度系数很小的导线（例如康铜线）制成的，且线圈的电阻很大。

DY 系列电压继电器分为过电压继电器和低电压继电器两种。当过电压继电器动作时，衔铁被吸持，返回时，衔铁释放；而低电压继电器则相反，动作时衔铁释放，返回时，衔铁吸持。亦即过电压继电器的动作电压相当于低电压继电器的返回电压；过电压继电器的返回电压相当于低电压继电器的动作电压。因而过电压继电器的 $K_{re} < 1$；而低电压继电器的 $K_{re} > 1$。DY 系列电压继电器的优缺点和 DL 系列电流继电器相同，它们都是触点系统不够完善，在电流较大时，可能发生振动现象，触点容量小不能直接跳闸。

（3）时间继电器

时间继电器是用来在继电保护和自动装置中建立所需要的延时。对时间继电器的要求是时间的准确性，而且动作时间不应随操作电压在运行中可能的波动而改变。

电磁型时间继电器由电磁机构带动一钟表延时机构组成，电磁启动机构采用螺管线圈式结构,线圈可由直流或交流电源供电,但大多由直流电源供电。

其电磁机构与电压继电器相同,区别在于:当其线圈通电后,其触点须经一定延时才动作,而且加在其线圈上的电压总是时间继电器的额定动作电压。

时间继电器的电磁系统不要求很高的返回系数。因为继电器的返回是由保护装置启动机构将其线圈上的电压全部撤除来完成的。

(4)中间继电器

中间继电器的作用是:在继电保护接线中,用以增加触点数量和触点容量,实现必要的延时,以适应保护装置的需要。

中间继电器实质上是一种电压继电器,但它的触点数量多且容量大。为保证在操作电源电压降低时中间继电器仍能可靠动作,因此中间继电器的可靠动作电压只要达到额定电压的70%即可,瞬动式中间继电器的固有动作时间不应大于 0.05 s。

(5)信号继电器

信号继电器在保护装置中是作为整组装置或个别元件的动作指示器。按电磁原理构成的信号继电器,当线圈通电时,衔铁被吸引,信号掉牌(指示灯亮)且触点闭合。失去电源时,有的需手动复归,有的电动复归。信号继电器有电压启动和电流启动两种。

三、实验内容

1.电流继电器特性实验

电流继电器动作、返回电流值测试实验。

实验电路原理图如图 5.2 所示。

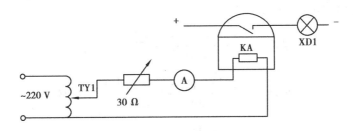

图 5.2　电流继电器动作电流值测试实验原理图

实验步骤如下所述。

①按图 5.2 所示接线,将电流继电器的动作值整定为 1.5 A,使调压器输出指示为 0 V,滑线电阻的滑动触头放在中间位置。

②查线路无误后,先合上三相电源开关(对应指示灯亮),再合上单相电源开关和直流电源开关。

③慢慢调节调压器,使电流表读数缓缓升高,记下继电器动作(动作信号灯 XD1 亮)时的最小电流值,即为动作值。

④继电器动作后,再调节调压器使电流值平滑下降,记下继电器返回时(动作信号灯 XD1 灭)的最大电流值,即为返回值。

⑤重复步骤③至④,测 3 组数据,将结果填入表 5.1 中。

表 5.1 电流继电器动作值、返回值测试实验数据记录表

	动作值/A	返回值/A	
1			
2			
3			
平均值			
误差		整定值 I_{zd}	
变差		返回系数	

⑥实验完成后,使调压器输出为 0 V,断开所有电源开关。

⑦分别计算动作值和返回值的平均值即为电流继电器的动作电流值和返回电流值。

⑧计算整定值的误差、变差及返回系数。

$$误差 = \frac{动作最小值 - 整定值}{整定值}$$

$$变差 = \frac{动作最大值 - 动作最小值}{动作平均值} \times 100\%$$

$$返回系数 = \frac{返回平均值}{动作平均值}$$

2.电流继电器动作时间测试实验

电流继电器动作时间测试实验原理图如图 5.3 所示。

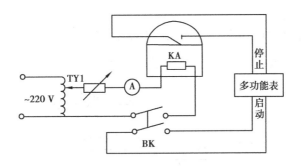

图 5.3　电流继电器动作时间测试实验电路原理图

实验步骤如下所述。

①按图 5.3 所示接线,将电流继电器的常开触点接在多功能表的"输入 2"和"公共线",将操作开关 BK 的一条支路接在多功能表的"输入 1"和"公共线",使调压器输出为 0 V,将电流继电器动作值整定为 1.5 A,滑线电阻的滑动触头置于其中间位置。

②检查线路无误后,先合上三相电源开关,再合上单相电源开关。

③打开多功能表电源开关,使用其时间测量功能(对应"时间"指示灯亮),工作方式选择开关置"连续"位置,按"清零"按钮使多功能表清零。

④慢慢调节调压器使其输出电压匀速升高,使电流为 1.5 A。

⑤先拉开操作开关(BK),复位多功能表,使其显示为零,然后迅速合上 BK,多功能表显示的时间即为动作时间,将时间测量值记录于表 5.2 中。

⑥重复步骤⑤,测 3 组数据,计算平均值,将结果填入表 5.2 中。

⑦先重复步骤④,使加入继电器的电流分别为 1.8 A、2.4 A、2.7 A,再重复步骤⑤和步骤⑥,测量这几种情况下继电器的动作时间,将实验结果记录于表 5.2 中。

表 5.2　电流继电器动作时间测试实验数据记录表

I	1.5 A				1.8 A				2.4 A				2.7 A			
	1	2	3	平均	1	2	3	平均	1	2	3	平均	1	2	3	平均
T/ms																

⑧实验完成后,使调压器输出电压为 0 V,断开所有电源开关。

⑨分析 4 种电流情况时读数是否相同,为什么?

3.电压继电器特性实验

电压继电器动作、返回电压值测试实验(以低电压继电器为例)。

低电压继电器动作值测试实验电路原理图如图 5.4 所示。

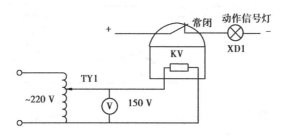

图 5.4　低电压继电器动作值测试实验电路原理图

实验步骤如下所述。

①按图 5.4 所示接线,检查线路无误后,将低电压继电器的动作值整定为 60 V,使调压器的输出电压为 0 V,合上三相电源开关和单相电源开关及直流电源开关(对应指示灯亮),这时动作信号灯 XD1 亮。

②调节调压器输出,使其电压从 0 V 慢慢升高,直至低电压继电器常闭触点打开(动作信号灯 XD1 熄灭)。

③记下继电器动作(动作信号灯 XD1 刚灭)时的最大电压值,即为动作值,将数据记录于表 5.3 中。

表 5.3　低电压继电器动作值、返回值测试实验数据记录表

	动作值/V	返回值/V	
1			
2			
3			
平均值			
误差		整定值 U_{set}	
变差		返回系数	

④继电器动作后,再慢慢调节调压器使其输出电压平滑地降低,记下继电器常闭触点刚打开,XD1 刚亮时的最小电压值,即为继电器的返回值。

⑤重复步骤③和步骤④,测 3 组数据。分别计算动作值和返回值的平均值,即为低电压继电器的动作值和返回值。

⑥实验完成后,将调压器输出调为 0 V,断开所有电源开关。

⑦计算整定值的误差、变差及返回系数。

4.时间继电器特性测试实验

时间继电器特性测试实验电路原理接线图如图 5.5 所示。

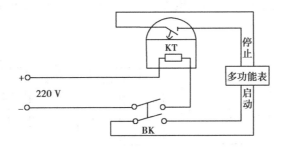

图 5.5　时间继电器动作时间测试实验电路原理图

实验步骤如下所述。

①按图 5.5 所示接好线路,将时间继电器的常开触点接在多功能表的"输入 2"和"公共线",将操作开关 BK 的一条支路接在多功能表的"输入 1"和"公共线",调整时间整定值,将静触点时间整定指针对准一刻度中心位置,例如可对准 2 s 位置。

②合上三相电源开关,打开多功能表电源开关,使用其时间测量功能(对应"时间"指示灯亮),使多功能表时间测量工作方式选择开关置"连续"位置,按"清零"按钮使多功能表清零。

③断开 BK 开关,合上直流电源开关,迅速合上 BK,采用迅速加压的方法测量动作时间。

④重复步骤②和步骤③,测量 3 次,将测量时间值记录于表 5.4 中,且第一次动作时间测量不计入测量结果中。

⑤实验完成后,断开所有电源开关。

⑥计算动作时间误差。

表 5.4 时间继电器动作时间测试

	整定值	1	2	3	平　均	误　差	变　差
t/ms							

5.多种继电器配合实验(过电流保护实验)

该实验内容为将电流继电器、时间继电器、信号继电器、中间继电器、调压器、滑线变阻器等组合构成一个过电流保护。要求当电流继电器动作后,启动时间继电器延时,经过一定时间后,启动信号继电器发信号和中间继电器动作跳闸(指示灯亮),电路原理接线图如图 5.6 所示。

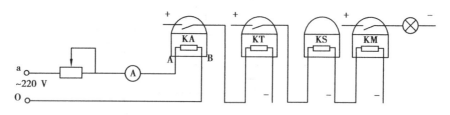

图 5.6 过电流保护实验原理接线图

实验步骤如下所述。

①按图 5.6 所示接线,将滑线变阻器的滑动触头放置在中间位置,实验开始后可以通过改变滑线变阻器的阻值来改变流入继电器电流的大小。将电流继电器动作值整定为 2 A,时间继电器动作值整定为 2.5 s。

②经检查无误后,依次合上三相电源开关、单相电源开关和直流电源开关(各电源对应指示灯均亮)。

③调节单相调压器输出电压,逐步增加电流,当电流表电流约为 1.8 A 时,停止调节单相调压器,改为慢慢调节滑线电阻的滑动触头位置,使电流表数值增大直至信号指示灯变亮。仔细观察各种继电器的动作关系。

④调节滑线变阻器的滑动触头,逐步减小电流,直至信号指示灯熄灭。仔细观察各种继电器的返回关系。

⑤实验结束后,将调压器调回零,断开直流电源开关,最后断开单相电源开关和三相电源开关。

四、实验结果分析

①电磁型电流继电器、电压继电器和时间继电器在结构上有什么异同点？

②如何调整电磁型电流继电器、电压继电器的返回系数？

③电磁型电流继电器的动作电流与哪些因素有关？

④过电压继电器和低电压继电器有何区别？

⑤在时间继电器的测试中为何整定后第一次测量的动作时间不计？

⑥为什么电磁型电流继电器在同一整定值下对应不同的动作电流，有不同的动作时间？

DCD-5 型差动继电器特性实验

一、实验目的

掌握具有磁力制动特性的 DCD-5 差动继电器的工作原理、结构特点及实验方法,并了解其调试方法。

二、DCD-5 型差动继电器简介

DCD-5 型差动继电器用于电力变压器的差动保护。由于继电器带有一个制动绕组,当被保护变压器外部故障不平衡电流较大时,能产生制动作用。

从图 6.1(a)中可以看出,在一侧边柱内,差动绕组中电流 $\dot{i}_d$ 产生的磁通 $\dot{\Phi}_d$ 和制动绕组中电流 $\dot{i}_{res}$ 产生的磁通 $\dot{\Phi}_{res}$ 相加;而在另一侧边柱内,$\dot{\Phi}_d$ 和 $\dot{\Phi}_{res}$ 相减,因而每侧边柱内的合成磁通等于这两个磁通的向量和。这两部分磁通分别在 W_2 的两部分绕组中感应出电势,该电势达到一定值时(视执行元件的动作电压而定),执行元件就动作。制动绕组 W_{res} 的作用是加速两侧边柱的饱和,从而使得 W_2 与 W_d,W_{p1}、W_{p2} 间的相互作用减弱。令 Ψ 表示工作电流和制动电流间的相位角,当 $\Psi = 0°$ 或 $180°$ 时,两边柱内的合成磁通分别为 $\dot{\Phi}_d$、$\dot{\Phi}_{res}$ 绝对值的和或差;而在 $\Psi = 90°$ 或 $270°$ 时,两边柱内的合成磁通相等。由此看出,继电器的动作电流(即 W_d 内的电流)不仅与 W_{res} 内的大小有关,而且还与二者之间的相位有关。当二者间的相位一定时,继电器的动作电流随 W_{res} 内电流的增减而增减,这就是继电器具有制动特性的概念。

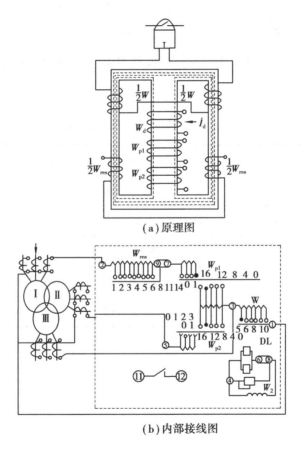

(a)原理图

(b)内部接线图

图 6.1　DCD-5 差动继电器原理与内部接线

W_{p1},W_{p2} 和 W_d 的绕向一致,所以平衡绕组产生的磁通起着增强或削弱差动绕组产生的磁通作用(两绕组内电流方向相同时起增强作用,方向相反时起削弱作用)。由于变压器各侧电流互感器的变比不能完全配合,在变压器正常运行时,W_d 中有不平衡电流 I_{unb} 流过。当平衡绕组接入后,如果平衡绕组的匝数选得适当,就能完全或几乎完全使 I_{unb} 得到补偿使得变压器在正常运行时,W_2 内完全或几乎没有 I_{unb} 感应电势,从而提高了保护装置的可靠性。当保护区内部发生故障时,流过平衡绕组内的电流所产生的磁通与差动绕组内电流所产生的磁通方向一致,于是就增加了使继电器动作的安匝数,从而提高了保护装置的灵敏度,此即 W_d、W_{p1}、W_{p2} 3个绕组绕向一致的原因。

除 W_2 外,其余的绕组都有一定数量的抽头,抽头的引出线都接在饱和变流器前面的面板上。面板上有插孔,孔下有标号。除制动绕组插孔下的标号是指一侧边柱的匝数外,其他各绕组插孔下的标号均为实际匝数。利用螺丝插头插在不同的孔中,就能得到相应的匝数。应特别注意:每个平衡绕组具有两组抽头,即(0、1、2、3)和(0、4、8、12、16),两个螺丝插头必须分别插入(0、1、2、3)或(0、4、8、12、16)的孔中。若螺丝插头同时都插入(0、1、2、3)或(0、4、8、12、16)的两孔中,将在平衡绕组中造成短路和开路现象,这将会引起保护装置误动作和使电流互感器开路。这一点在图 6.1(b)中能够清楚看到。继电器引出端子名称匝数选择见表 6.1。

表 6.1　DCD-5 差动继电器引出端子名称及匝数

线圈符号	线圈名称	总匝数
W_d	差动线圈	20
W_{p1}	平衡线圈 I	19
W_{p2}	平衡线圈 II	19
W_2	二次线圈	—
W_{res}	制动线圈	14

三、实验内容

①熟悉 DCD-5 差动继电器的结构原理和内部接线图,认真阅读 DCD-5 差动继电器的原理图,如图 6.1 所示。

②执行元件的检验。

a.实验接线如图 6.2 所示。

b.实验方法与步骤。本实验是对执行元件单独进行实验。应特别注意,执行元件的动作电压是指执行元件启动后再用非磁性物体将舌片卡在未动作位置的电压值。动作电压应满

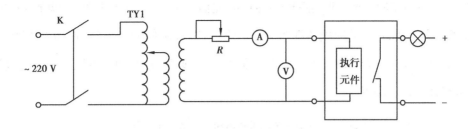

图 6.2　DCD-5 执行元件实验接线图

足 1.5~1.56 V,动作电流应满足 220~230 mA,返回系数为 0.7~0.85。测量应重复 3 次,填入表 6.2 中,其离散值不大于±3%,否则应检查原因。

表 6.2　DCD-5 差动继电器执行元件动作测量值

I_{pu}/mA	I_f/mA	K_f	U_{pu}/V

如果实验时电源频率不是 50 Hz,应按每偏差±1 Hz 电压值改变±2%进行修正。

③动作安匝检验(无制动时起始动作安匝)。

a.实验接线如图 6.3 所示。

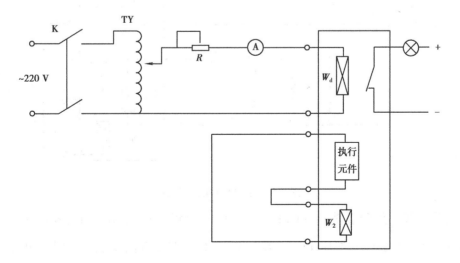

图 6.3　DCD-5 型动作安匝实验接线图

b.实验方法与步骤。W_{p1}、W_{p2} 都插入 0 匝，W_d 先插入 20 匝。合上电源 K,调节 TY 的电流使 DL-1 继电器动作,记下此时电流即为动作电流,动作电流乘以使用的线圈匝数即为动作安匝 $A \cdot W_d$。动作安匝符合 60±4,以此值为基准,然后改变 W_d 为 13 匝、10 匝,用上述实验方法测动作电流,填入表 6.3 中。

表 6.3　DCD-5 差动继电器执行元件安匝测量值

W_d/匝	20	13	10
I_{pu}/A			
$I_{pu} \times W_d$			

如果动作安匝距离要求相差不大时,可采用将执行元件动作值适当增减(在要求范围内)的办法和稍许改变速饱和变流器铁芯压紧螺丝松紧程度的办法使之符合要求。如果相差较大,则必须用改变变流器铁芯组合方式的方法进行调整。

④制动特性实验。

a.实验接线如图 6.4 所示,$W_d = 20$ 匝,$W_{res} = 14$ 匝。

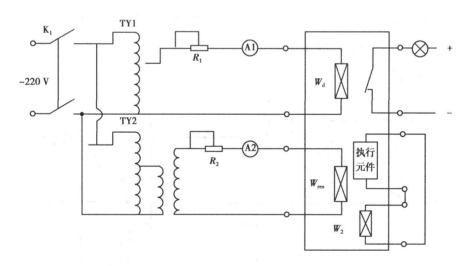

图 6.4　制动特性实验接线图

b.实验步骤。实验时,先将 TY2 回零,调 TY1 差动回路的电流使继电器动作,记录此时动作电流,填入表 6.4 中;然后 TY1 回零。A1 为 0 调 TY2 逐渐增加制动回路电流,再调节 TY1 差动回路的电流测出相应的启动电流,填入表 6.4 中,并绘制出制动曲线 $W_d I_{puj} = f(W_{res} \cdot I_{res})$。

改变实验接线,使制动线圈 W_{res} 单相调压器(TY1)上,差动线圈 W_{d} 接在三相调压器的 a、b 相上,造成两个线圈的电流有 30 °相位差,这里是指动作电流超前于制动电流的角度 ψ。重复上述方法绘出制动特性曲线。并分析 ψ 在不同角度下其制动特性的变化。

表 6.4　DCD-5 差动继电器制动特性测量值

I_{res}/A	0.1	0.2	0.3	0.4	0.5	0.6	0.7	0.8	0.9	1.0	1.5
$W_{\text{res}} \times I_{\text{res}}$											
I_{pu}/A											
$W_{\text{d}} \times I_{\text{pu}}$											

⑤整组伏安特性实验。

a.实验接线如图 6.5 所示。

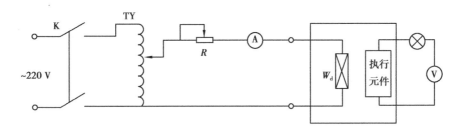

图 6.5　DCD-5 差动继电器整组伏安特性实验接线图

b.实验方法与步骤。差动线圈全部投入,实验时用非导磁物体将执行元件可动舌片卡在未动作位置,实验电流渐渐增加,不允许来回摆动。按表 6.5 调好电流值,并记录相应的电压值。

表 6.5　DCD-5 差动继电器伏安特性测量值

I/A	2.5	5	7.5	10	12.5	15	17.5	20
$I \times W_{\text{d}}$								
U/V								

根据整组伏安曲线,计算 2 倍动作安匝时执行元件端子上电压 U_2 与 1 倍动作安匝时执行元件端子上电压 U_1 之比以及 5 倍动作安匝时执行元件端子上电压 U_5 与 U_1 之比。

要求: $U_2 / U_1 \geqslant 1.15$, $U_5/U_1 \geqslant 1.3$。

四、实验结果分析

如果差动保护的动作电流经计算为 5.2 A，理论上 W_d 的匝数为 11.5 匝，那么实际上应选 11 匝还是 12 匝？为什么？

実验 **7**

输电线路电流电压常规保护实验

一、实验目的

①了解电磁式电流、电压保护的组成。

②学习电力系统电流、电压保护中电流、电压、时间整定值的调整方法。

③研究电力系统中运行方式变化对保护灵敏度的影响。

④分析三段式电流、电压保护动作配合的正确性。

二、基本原理

1.实验台一次系统原理图

实验台一次系统原理图如图7.1所示。

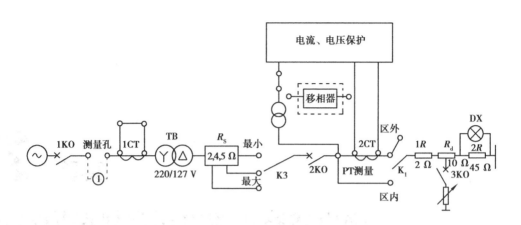

图 7.1　电流、电压保护实验一次系统图

2.电流电压保护实验基本原理

（1）三段式电流保护

当网络发生短路时,电源与故障点之间的电流会增大。根据这个特点可以构成电流保护。电流保护分无时限电流速断保护（简称Ⅰ段）、带时限速断保护（简称Ⅱ段）和过电流保护（简称Ⅲ段）。下面分别讨论它们的作用原理和整定计算方法。

a.无时限电流速断保护（Ⅰ段）。单侧电源线路上无时限电流速断保护的作用原理可用图 7.2 来说明。短路电流的大小 I_k 和短路点至电源间的总电阻 R_Σ 及短路类型有关。三相短路和两相短路时,短路电流 I_k 与 R_Σ 的关系可分别表示如下：

$$I_k^{(3)} = \frac{E_s}{R_\Sigma} = \frac{E_s}{R_s + R_0 l} \qquad I_k^{(2)} = \frac{\sqrt{3}}{2} \times \frac{E_s}{R_s + R_0 l}$$

式中　E_s——电源的等值计算相电势；

　　　R_s——归算到保护安装处网络电压的系统等值电阻；

　　　R_0——线路单位长度的正序电阻；

　　　l——短路点至保护安装处的距离。

由上述两式可以看到,短路点距电源越远（l 越长）短路电流 I_k 越小；系统运行方式小（R_s 越大的运行方式）I_k 亦小。I_k 与 l 的关系曲线如图 7.2 曲线 1 和曲线 2 所示。曲线 1 为最大运行方式（R_s 最小的运行方式）下的 $I_k = f(l)$ 曲线,曲线 2 为最小运行方式（R_s 最大的运行方式）下的 $I_k = f(l)$ 曲线。

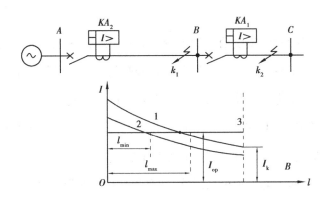

图 7.2　单侧电源线路上无时限电流速断保护的计算图

线路 AB 和 BC 上均装有仅反映电流增大而瞬时动作的电流速断保护,则当线路 AB 上发生故障时,希望保护 KA_2 能瞬时动作,而当线路 BC 上故障时,希望保护 KA_1 能瞬时动作,它们的保护范围最好能达到本线路全长的 100%。但是这种愿望是否能实现,需要作具体分析。

以保护 KA_2 为例,当本线路末端 k_1 点短路时,希望速断保护 KA_2 能够瞬时动作切除故障,而当相邻线路 BC 的始端(习惯上称为出口处)k_2 点短路时,按照选择性的要求,速断保护 KA_2 就不应该动作,因为该处的故障应由速断保护 KA_1 动作切除。但是在实际上,k_2 点短路时,从保护 KA_2 和保护 KA_1 所流过短路电流的数值几乎是一样的,因此,希望 k_1 点短路时速断保护 KA_2 能动作,而 k_2 点短点时保护 KA_2 又不动作的要求就不可能同时得到满足。

为了获得选择性,保护装置 KA_2 的动作电流 I_{op2} 必须大于被保护线路 AB 外部(k_2 点)短路时的最大短路电流 $I_{k\,max}$。实际上 k_2 点与母线 B 之间的阻抗非常小。因此,可以认为母线 B 上短路时的最大短路电流 $I_{k\,B\,max} = I_{k\,max}$。根据这个条件可得:

$$I_{op2} = K_{rel}^1 I_{k\,B\,max}$$

式中　K_{rel}^1——可靠系数,考虑到整定误差、短路电流计算误差和非周期分量的影响等,可取
　　　　　为 1.2~1.3。

由于无时限电流速断保护不反映外部短路,因此,可以构成无时限的速动保护(没有时间元件,保护仅以本身固有动作时间动作)。它完全依靠提高整定值来获得选择性。由于动作电流整定后是不变的,在图 7.2 上用直线 3 来表示。直线 3 与曲线 1 和曲线 2 分别有一个交点。在曲线交点至保护装置安装处的一段线路上短路时,$I_k > I_{op2}$ 保护动作。在交点以后的线路上短路时,$I_k < I_{op2}$ 保护不会动作。因此,无时限电流速断保护不能保护线路全长的范围。

如图 7.2 所示,它的最大保护范围是 $l_{\max}$,最小保护范围是 $l_{\min}$。保护范围也可以用解析法求得。

无时限电流速断保护的灵敏度用保护范围来表示,规程规定,其最小保护范围一般不应小于被保护线路全长的 15%～20%。实验时可调节滑线电阻,找寻保护范围。

电流速断保护的主要优点是简单可靠,动作迅速,因而获得了广泛应用。它的缺点是不可能保护线路 AB 的全长,并且保护范围直接受系统运行方式变化影响很大,当被保护线路的长度较短时,速断保护就可能没有保护范围,此时不能采用。

由于无时限电流速断不能保护全长线路,即有相当长的非保护区,在非保护区短路时,如不采取措施,故障便不能切除,这是不允许的。为此必须加装带时限电流速断保护,以便在这种情况下用它切除故障。

b.带时限电流速断保护(Ⅱ段)。对这个新设保护的要求,首先应在任何故障情况下都能保护本线路的全长范围,并具有足够的灵敏性。其次是在满足上述要求的前提下,力求具有最小的动作时限。正是由于它能以较小的时限切除全线路范围以内的故障,因此,称其为带时限速断保护。带时限电流速断保护的原理可用图 7.3 来说明。

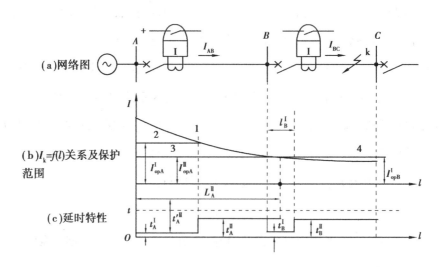

图 7.3　带时限电流速断保护计算图

图中:1—$I_k=f(l)$关系;2—$I_{\text{opA}}^{\text{I}}$线;3—$I_{\text{opA}}^{\text{II}}$线;4—$I_{\text{opB}}^{\text{I}}$线

由于要求带时限电流速断保护必须保护本线路 AB 的全长,因此,它的保护范围必须延伸到下一线路中去。例如,为了使线路 AB 上的带时限电流速断保护 A 获得选择性,它必须和下一线路 BC 上的无时限电流速断保护 B 配合。为此,带时限电流速断保护 A 的动作电流必须大于无时限电流速断保护 B 的动作电流。若带时限电流速断保护 A 的动作电流用 $I_{\text{opA}}^{\text{II}}$ 表示,

无时限电流速断保护 B 的动作电流用 $I_{\text{opB}}^{\text{I}}$ 表示,则

$$I_{\text{opA}}^{\text{II}} = K_{\text{rel}}^{\text{II}} I_{\text{opB}}^{\text{I}} \tag{7.1}$$

式中　$K_{\text{rel}}^{\text{II}}$——可靠系数,因不需考虑非周期分量的影响,可取为 1.1~1.2。

保护的动作时限应比下一条线路的速断保护高出一个时间阶段,此时间阶段以 Δt 表示。即:

保护的动作时间 $t_{\text{A}}^{\text{II}} = \Delta t$($\Delta t$ 一般取为 0.5 s)。

带时限电流速断保护 A 的保护范围为 l_{A}^{II},如图 7.3 所示。它的灵敏度按最不利情况(即最小短路电流情况)进行检验。即

$$K_{\text{sen}}^{\text{II}} = \frac{I_{\text{k min}}}{I_{\text{opA}}^{\text{II}}} \tag{7.2}$$

式中　$I_{\text{k min}}$——在最小运行方式下,在被保护线路末端两相金属短路的最小短路电流。规程
　　　　规定 $K_{\text{sen}}^{\text{II}}$ 应不小于 1.3~1.5。$K_{\text{sen}}^{\text{II}}$ 必须大于 1.3 的原因是考虑到短路电流的计
　　　　算值可能小于实际值、电流互感器的误差等。

由此可见,当线路上装设了电流速断和限时电流速断保护以后,它们的联系工作就可以保证全线路范围内的故障都能够在 0.5 s 的时间内予以切除,在一般情况下都能够满足速动性的要求。具有这种性能的保护称为该线路的"主保护"。

带时限电流速断保护能作为无时限电流速断保护的后备保护(简称近后备),即故障时,若无时限电流速断保护拒动,它可动作切除故障。但当下一段线路故障而该段线路保护或断路器拒动时,带时限电流速断保护不一定会动作,故障不一定能消除。所以,它不起远后备保护的作用。为解决远后备的问题,还必须加装过电流保护。

c.定时限过电流保护(Ⅲ段)。过电保护通常是指其启动电流按照躲开最大负荷电流来整定的一种保护装置。它在正常运行时不应该启动,而在电网发生故障时,则能反映电流的增大而动作。在一般情况下,它不仅能够保护本线路的全长范围,而且也能保护相邻线路的全长范围,以起到远后备保护的作用。

为保证在正常运行情况下过电流保护不动作,它的动作电流应躲过线路上可能出现的最大负荷电流 $I_{\text{L max}}$,因而确定动作电流时,必须考虑下述两种情况。

其一,必须考虑在外部故障切除后,保护装置能够返回。例如在图 7.4 所示的接线网络中,当 k_1 点短路时,短路电流将通过保护装置 5、4、3,这些保护装置都要启动,但是按照选择性的要求,保护装置 3 动作切除故障后,保护装置 4 和 5 由于电流已经减小应立即返回

原位。

其二,必须考虑当外部故障切除后,电动机自启动电流大于它的正常工作电流时,保护装置不应动作。例如在图7.4中,k_1点短路时,变电所 B 母线电压降低,其所接负荷的电动机被制动,在故障由 3QF 保护切除后,B 母线电压迅速恢复,电动机自启动,这时电动机自启动电流大于它的正常工作电流,在这种情况下,也不应使保护装置动作。

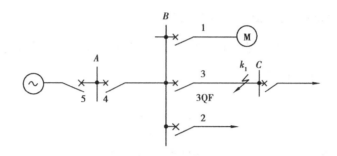

图 7.4 选择过电流保护启动值及动作时间的说明

考虑第二种情况时,定时限过电流保护的整定值应满足:

$$I_{op}^{\text{III}} > K_{ss}I_{\text{L max}}$$

式中 K_{ss}——电动机的自启动系数,它表示自启动时的最大负荷电流与正常运行的最大负荷电流之比。无电动机时 $K_{ss}=1$,有电动机时 $K_{ss} \geqslant 1$。

考虑第一种情况,保护装置在最大负荷时能返回,则定时限过电流保护的返回值应满足

$$I_{re} > K_{ss}I_{\text{L max}} \tag{7.3}$$

考虑到 $I_{re} < I_{op}^{\text{III}}$,将式(7.3)改写为:

$$I_{re} = K_{rel}^{\text{III}}K_{ss}I_{\text{L max}} \tag{7.4}$$

式中 K_{rel}^{III}——可靠系数,考虑继电器整定误差和负荷电流计算不准确等因素,取为 1.1~1.2。

考虑到 $K_{re} = I_{re}/I_{op}$,所以

$$I_{op}^{\text{III}} = \frac{1}{K_{re}}(K_{rel}^{\text{III}}K_{ss}I_{\text{L max}}) \tag{7.5}$$

为了保证选择性,过电流保护的动作时间必须按阶梯原则选择,如图7.5所示。两个相邻保护装置的动作时间应相差一个时限阶段 Δt。

过电流保护灵敏系数仍采用式(7.2)进行检验,但应采用 I_{op}^{III} 代入,当过电流保护作为本线路的后备保护时,应采用最小运行方式下本线路末端两相短路时的电流进行校验,要求 $K_{sen} \geqslant$ 1.3~1.5;当作为相邻线路的后备保护时,则应采用最小运行方式下相邻线路末端两相短路时的电流进行校验,此时要求 $K_{sen} \geqslant 1.2$。定时限过电流保护的原理图与带时限电流速断保护的

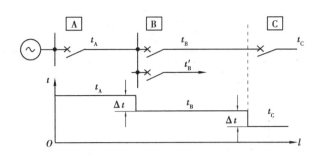

图 7.5　过电流保护的动作时间选择示意图

原理图相同,只是整定的时间不同而已。

(2)电流、电压联锁保护的作用原理

当系统运行方式变化很大时,电流保护(尤其是电流速断保护)的保护区可能很小,往往不能满足灵敏度要求,为了提高灵敏度可以采用电流、电压联锁保护。

电流、电压联锁保护可以分为电流、电压联锁速断保护,带时限电流、电压联锁速断保护和低电压启动的过电流保护 3 种。由于这种保护装置较为复杂,所以只有当电流保护灵敏度不能满足要求时才采用。

下面将主要介绍电流、电压联锁速断保护和低电压启动的过电流保护,带时限电流、电压联锁速断保护,由于实际上很少采用,故不讨论。

a.电流电压联锁速断保护的工作原理。电流、电压联锁速断保护工作原理可以用图 7.6 来说明。保护的电流元件和电压元件接成"与"回路,因此,只有当电流、电压元件都同时动作时保护才能动作跳闸。

保护的整定原则和无时限电流速断保护一样,躲开被保护线路外部故障。由于它采用了电流和电压测量元件,因此,在外部短路时,只要有一个测量元件不动作,保护就能保证选择性。保护的具体整定方法有几种。常用的是保证在正常运行方式下有较大的保护范围作为整定计算的出发点。整定方法:在图 7.6 中设被保护线路的长度为 L。为保证选择性,在正常运行方式时的保护区为:

$$l_1 = \frac{L}{K_{\text{rel}}} \approx 0.75\ L$$

式中　K_{rel}——可靠系数,取为 1.3~1.4。

因此,电流继电器的动作电流为:

$$I_{\text{pu}} = \frac{E_s}{R_s + R_0 l_1}$$

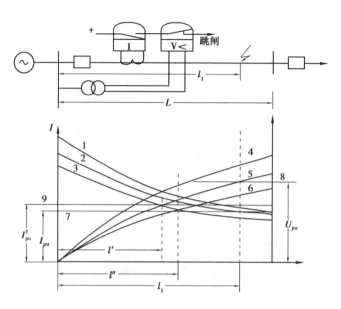

图 7.6　无时限电流电压联锁速断保护的计算图

1、2、3——分别为在最大、正常和最小运行方式下的 $I_K = f(l)$ 关系曲线；

4、5、6——分别为在最大、正常和最小运行方式下的 $U_K = f(l)$ 关系曲线；

7—动作电流 I_{pu} 整定值；

8—动作电压 U_{pu} 整定值；

9—无时限电流速断保护整定值 I_{pu}^I 。

式中　E_s——系统的等效相电势；

　　　　R_s——正常运行方式下，系统的等值电阻；

　　　　R_0——线路单位长度的电阻。

I_{pu} 就是在正常运行方式下，保护范围末端(K 点)三相短路时的短路电流。由于在 K 点三相短路时，低电压继电器也应动作，所以它的动作电压为：

$$U_{pu} = \sqrt{3} I_{pu} R_0 l_1$$

U_{pu} 就是在正常运行方式下，保护范围末端三相短路时，母线 A 上的残余电压。在此情况下，两个继电器的保护范围是相等的。动作电流 I_{pu} 和动作电压 U_{pu} 分别用直线 7 和直线 8 表示在图 7.6 上。该图上的曲线 1、2 和 3 分别表示在最大、正常和最小运行方式下，短路电流 I_K 和 l 的关系曲线。曲线 4、5 和 6 则分别表示在最大、正常和最小运行方式下，母线 A 的残余电压 U_K 和 l 的关系曲线。直线 9 表示无时限电流速断保护的动作电流 I_{pu}^I，从图 7.6 中可以看到，如果线路上采用无时限电流速断保护，则它的最小保护范围为 l'。如果采用无时限电流电压联锁速断保护,则其最小保护范围为 l''(由电流元件决定)。显然 $l''>l'$。由此可见,采用电流电压联锁速断保护大大提高了灵敏度。由图可知,在被保护线路以外短路时,保护不会误动作。在较正常运行方式更大的运行方式下,保护的选择性由低电压继电器来保证,因为在此情况下,母线 A 上的残余电压 U_K 大于 U_{pu},低电压元件不会动作。在较正常运行方式更小的运行方式下,保护的选择性由电流继电器来保证,因为在此情况下短路电流 I_K 小于 I_{pu},电流元件不会动作。

b.低电压启动的过电流保护。这种保护只有当电流元件和电压元件同时动作后,才能启动时间继电器,经预定的延时后,启动出口中间继电器动作于跳闸。

低电压元件的作用是保证在电动机自启动时不动作,因而电流元件的整定值就可以不再考虑可能出现的最大负荷电流,而是按大于额定电流整定,即

$$I_{op} = \frac{K_{rel}}{K_{re}} I_N$$

低电压元件的动作值小于在正常运行情况下母线上可能出现的最低工作电压,同时,外部故障切除后,在电动机启动的过程中,它必须返回。根据运行经验通常采用:

$$U_{op} = 0.9 U_N$$

式中　U_N——额定电压。

低电压元件灵敏系数的校验,按下式进行:

$$K_{sen} = \frac{U_{op}}{U_{k\,max}}$$

式中　$U_{k\,max}$——在最大运行方式下,相邻元件末端三相短路时,保护安装处的最大线电压。

注意:当电压互感器回路发生断线时,低电压继电器会误动作。因此,在低电压保护中一般应装设电压回路断线的信号装置,以便及时发出信号,由运行人员加以处理。

保护的延时特性以及各段保护的保护范围如图 7.7 所示。必须指出,在有些情况下,例如保护线路全长时,可以只采用两段保护(如 Ⅰ、Ⅲ 段或 Ⅱ、Ⅲ 段)。

(3)复合电压启动的过电流保护

复合电压启动的过电流保护原理图如图 7.3 所示,复合电压启动的过电流保护,在不对称短路时,靠负序电压启动低电压继电器,而在对称性故障时,也是靠短时的负序电压启动低电压继电器,靠继电器的返回电压较高来保持动作状态的。因此,其灵敏度是比较高的。

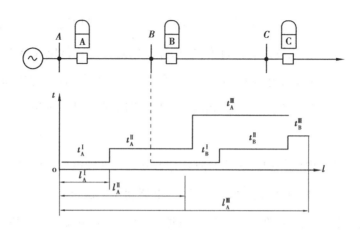

图 7.7　三段式电流保护的延时特性和保护范围

复合电压启动的过电流保护的整定办法除负序电压继电器的整定外,其余都与前述相同。负序电压继电器的动作电压可按躲开正常运行时的最大不平衡电压来整定,通常取

$$U_{2pu} = 0.06U_N$$

保护装置灵敏度的校验应按相同的原始条件,分别求出保护装置的电流元件和电压元件的灵敏系数。通常要求,在远后备保护范围末端短路校验的灵敏度应不小于1.2。这种保护方式,不但灵敏度比较高,而且接线比较简单,因此,应用比较广泛。

3.保护的整定值计算

电流电压保护整定值计算。在图 7.1 中若取电源线电压为 100 V(实际为变压器副边输出线电压为 100 V),系统阻抗分别为 $X_{s.max} = 2\ \Omega$、$X_{S.N} = 4\ \Omega$、$X_{s.min} = 5\ \Omega$,线路段的阻抗为 10 Ω。线路中串有一个 2 Ω 的限流电阻,设线路段最大负荷电流为 1.2 A。无时限电流速断保护可靠系数 $K_I = 1.25$,带时限电流速断保护可靠系数 $K_{II} = 1.2$,过电流保护可靠系数$K_{III} = 1.15$,继电器返回系数 $K_{re} = 0.85$,自启动系数 $K_{zq} = 1.0$。

根据上述给定条件可得出下述内容:

(1)理论计算线路段电流保护各段的整定值计算

$$I_{pu}^{I} = K^{I} \times I_{末·max}^{(3)} = 1.25 \times \frac{100}{\sqrt{3}} \times \frac{1}{2 + 2 + 10} = 5.16(A)$$

$$I_{pu}^{II} = \frac{1}{K^{II}} \times I_{末·min}^{(3)} = \frac{1}{1.2} \times \frac{100}{\sqrt{3}} \times \frac{1}{2 + 5 + 10} \approx 2.83(A)$$

$$I_{pu}^{\text{III}} = \left(K^{\text{III}} \times \frac{K_{zq}}{K_{re}} \right) \times I_{\text{Lmax}} = \left(1.15 \times \frac{1.0}{0.85} \right) \times 1.2 = 1.62 \,(\text{A})$$

$$t_{pu}^{\text{II}} = 0.5'' \qquad t_{pu}^{\text{III}} = 1''$$

（2）理论计算线路段低压闭锁的电流速断保护的整定值计算

为保证速断保护的选择性，在正常运行方式下的保护区设定为：

$$L_{\text{I}} = \frac{L}{K_{\text{rel}}} \approx 0.75L$$

式中　$K_{\text{rel}} = 1.3 \sim 1.4$。

各元件的整定值为：

$$U_{pu} = \sqrt{3} \times I_{pu} \times 7.5 \approx 56 \,(\text{V})$$

$$I_{pu} = \frac{E_s}{(R_s + R_0 L_{\text{I}})} = \frac{100}{\sqrt{3}} \times \frac{1}{2 + 4 + 7.5} = 4.3 \,(\text{A})$$

（3）复合电压启动的过电流保护整定值计算

根据上述给定条件，理论计算线路段保护各元件的整定值为：

$$L_1 = \frac{L}{K_{\text{rel}}} \approx 0.75L$$

$$U_{pu} = \sqrt{3} \times I_{pu} \times X_{\text{I}} L_{\text{I}} = \sqrt{3} \times \frac{100}{\sqrt{3}} \times \frac{1}{4 + 2 + 7.5} \times 7.5 \approx 56 \,(\text{V})$$

$$I_{pu} = \frac{E_s}{(R_s + R_0 L_{\text{I}})} = \frac{100}{\sqrt{3}} \times \frac{1}{2 + 4 + 7.5} = 4.3 \,(\text{A})$$

$$U_{2pu} = 0.06 U_{\text{N}} = 0.06 \times 100 = 6 \,(\text{V})$$

4.常规电流保护的接线方式

电流保护常用的接线方式有完全星形接线、不完全星形接线和在中性线上接入电流继电器的不完全星形接线 3 种，如图 7.8 所示。

电流保护一般采用三段式结构，即电流速断（Ⅰ段），限时电流速断（Ⅱ段），定时限过电流（Ⅲ段）。但在有些情况下，也可以只采用两段式结构，即Ⅰ段（或Ⅱ段）作主保护，Ⅲ段作后备保护（图 7.8 所示的几种接线方法供接线时参考）。

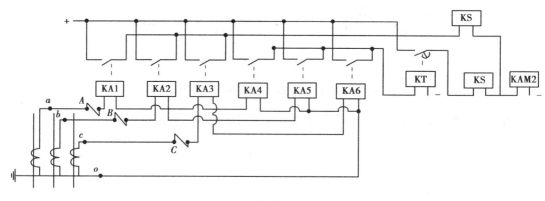

（a）完全星形两段式接线图

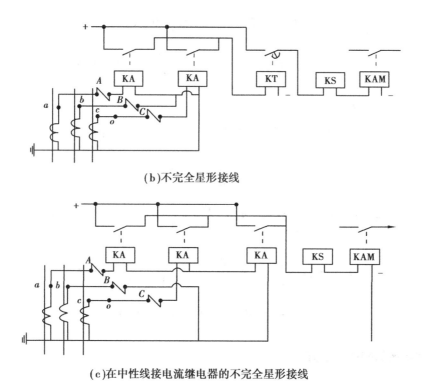

（b）不完全星形接线

（c）在中性线接电流继电器的不完全星形接线

图 7.8　电流保护常用的几种接线

三、实验内容

DJZ-Ⅲ实验台的常规继电器都没有接入电流互感器和电压互感器,在实验之前应参阅如图 7.1 所示的一次系统图,设计好保护接线图,并接好线后才能进行实验。

1.正常运行方式实验

①三相调压器输出为 0 V。

②系统运行方式置于"正常"位置。

③按前面介绍的常规电流保护接线方式进行接线,根据理论计算值确定各继电器的整定值大小。

④合上三相电源开关。

⑤合上直流电源开关。

⑥合上变压器两侧的模拟断路器。

调节调压器输出,使屏上电压表指示从 0 V 慢慢升到 100 V 为止。此时,负荷灯泡亮,模拟系统即处于正常运行状态。

⑦实验结束后,使调压器输出回零,最后断开实验电源。

2.短路故障方式实验

①三相调压器输出为 0 V。

②选择系统运行方式为最小运行方式。

③将模拟线路电阻可移动头放置在中间(50%)位置。

④按前面介绍的常规电流保护接线方式进行接线,根据理论计算值确定各继电器的整定值大小。

⑤退出所有出口连接片。

⑥合上三相电源开关。

⑦合上直流电源开关,合上变压器两侧的模拟断路器,调节调压器的输出,使屏上电压表指示从 0 V 慢慢升到 100 V,此时负荷灯泡亮(与正常运行方式相同)。

⑧合上短路模拟开关(二相或三相均可)。

⑨合上故障模拟断路器,模拟系统发生短路故障。

此时,根据短路类型,负荷灯泡全部熄灭或部分熄灭。电流表指示数值较大。模拟系统即处于短路故障方式。短路故障发生后,应立即断开短路操作开关,以免短路电流过大烧坏设备。断开短路操作开关。即可切除短路故障。

⑩实验结束后,将故障模拟断路器断开,调压器输出调回零,最后断开实验电源。

3.三相短路时Ⅰ段保护动作情况及灵敏度测试实验

在不同的系统运行方式下,做三段式常规电流保护实验,找出Ⅰ段电流保护的最大和最小保护范围,具体实验步骤如下所述。

①按前述完全星形实验接线,将变压器原边CT的二次侧短接,调Ⅰ段3个电流继电器的整定值为5.16 A,Ⅲ段整定值为1.66 A。

②系统运行方式选择置于"最大",将重合闸开关切换至"OFF"位置。

③把"区内""线路"和"区外"转换开关选择在"线路"挡("区内""区外"是对变压器保护而言的,在线路保护中不使用)。

④合上三相电源开关,三相电源指示灯亮(如果不亮,则停止下面的实验)。

⑤合上直流电源开关,直流电源指示灯亮(如果不亮,则停止下面的实验)。

⑥合上模拟断路器,缓慢调节调压器输出,使并入线路中的电压表显示读数从0 V上升到100 V,负载灯全亮。

⑦将常规出口连接片LP_2投入,微机出口连接片LP_1退出。

⑧合上短路选择开关SA、SB、SC。

⑨模拟线路段不同处做短路实验。先将短路点置于100%的位置(顺时针调节短路电阻至最大位置),合上故障模拟断路器,检查保护Ⅰ段是否动作,如果没有动作,断开故障模拟断路器,再将短路电阻调至90%处,再合上故障模拟断路器,检查保护Ⅰ段是否动作,没有动作再继续本步骤前述方法改变短路电阻大小的位置,直至保护Ⅰ段动作,然后再慢慢调大一点短路电阻值,直至Ⅰ段不动作,记录最后能够使Ⅰ段保护动作的短路电阻值于表7.1中。

⑩分别将系统运行方式置于"最小"和"正常"方式,重复步骤⑨的过程,将Ⅰ段保护动作时的短路电阻值记录在表7.1中。

表7.1 三相短路实验数据记录表

运行方式	短路电阻/Ω
最　大	
最　小	
正　常	

⑪实验完成后,将调压输出调为 0 V,断开所有电源开关。

⑫根据实验数据分析出无时限电流速断保护的最大保护范围。

4.两相短路时Ⅰ段保护动作情况及灵敏度测试实验

在系统运行方式为最小时,做三段式常规电流保护实验,找出Ⅰ段电流保护的最小保护范围,具体实验步骤如下所述。

①按前述完全星形实验接线,将变压器原边 CT 的二次侧短接。调整Ⅰ段 3 个电流继电器的整定值为 5.16 A,Ⅲ段整定值为 1.66 A。

②将系统运行方式选择置于"最小"。

③把"区内""线路"和"区外"转换开关选择在"线路"挡。

④合三相电源开关,三相电源指示灯亮(如果不亮,则停止下面的实验)。

⑤合上直流电源开关,直流电源指示灯亮(如果不亮,则停止下面的实验)。

⑥合上模拟断路器。

⑦缓慢调节调压器输出,使并入线路中的电压数显示值从 0 V 上升到 100 V,负载灯全亮。

⑧将常规出口连接片 LP$_2$ 投入,微机出口连接片退出(断开 LP$_1$)。

⑨合上短路选择开关 SA、SB、SC 按钮中任意二相,如 AB 相。

⑩模拟线路段不同处做短路实验,先将短路电阻置于 100% 的位置,合上故障模拟断路器,检查Ⅰ段保护是否动作,如果没有动作,则断开故障模拟断路器,再将短路点调至 90% 处,合上故障模拟断路器,检查Ⅰ段是否动作,没有动作再继续本步骤前述方法改变短路电阻大小的位置直至Ⅰ段保护动作,再慢慢调大一点短路电阻值,直至Ⅰ段保护不动作,记录能使保护Ⅰ段动作的最大短路电阻值于表 7.2 中。

表 7.2　两相短路实验数据记录表

运行方式 　短路电阻/Ω	AB 相短路	BC 相短路	CA 相短路
最　大			
最　小			
正　常			

⑪分别将系统运行方式置于"最大"和"正常"方式,重复步骤⑩,将能够使Ⅰ段保护动作的最大短路电阻值记录在表7.2中。

⑫分别将短路选择开关设为 AC 或 BC 相,重复步骤⑩,将实验数据记录于表7.2中。

⑬根据实验数据,分析出无时限电流速断保护的最小保护范围。

5.电流电压联锁保护实验

低电压闭锁的电流速断保护实验步骤如下所述。

①将变压器原边 CT 的二次侧短接,按前面介绍的原理接线图完成实验接线,再接好电压继电器,调整Ⅰ段3个电流继电器的整定值为 4.3 A,电压继电器整定值为 56 V。

②重复实验3(三相短路实验)中步骤②至步骤⑪,将实验数据记录于表7.3中。

③根据实验数据求出低压闭锁速断保护的最大范围,比较低电压闭锁的速断保护和无时限电流速断保护的保护范围,分析低电压闭锁电流速断保护的灵敏度。

表 7.3　低电压闭锁电流速断保护实验数据记录表

运行方式	短路电阻/Ω
最　　大	
最　　小	
正　　常	

6.复合电压启动的过电流保护实验

参见如图7.8所示实验原理接线图。

具体实验步骤如下所述。

①将变压器原边 CT 的二次侧短接,串入负序电压和低电压继电器,调整Ⅰ段3个电流继电器的整定值为 4.3 A。电压继电器整定值为 56 V,负序电压继电器整定值为 6 V。

②重复实验3(三相短路实验)中步骤②至步骤⑪,将实验数据记录于表7.4中。

③根据实验数据求出复合电压启动的过电流保护的最大保护范围,分析复合电压启动的过电流保护的灵敏性,并与低压闭锁速断保护、无时限电流速断保护的范围进行比较。

表 7.4　复合电压启动的过电流保护实验数据记录表

运行方式	短路电阻/Ω
最　大	
最　小	
正　常	

7.保护动作配合实验

①按完全星形接线图完成实验接线,将变压器原边 CT 的二次侧短接。

②将三段式电流继电器的整定值整定。

$$I_{pu}^{I} = 5.16 \text{ A}, t_{pu}^{I} = 0 \text{ s}$$

$$I_{pu}^{III} = 1.66 \text{ A}, t_{pu}^{III} = 1 \text{ s}$$

③将系统运行方式选择为"最大",将重合闸开关切换至"OFF"位置,转换开关选择在"线路"。退出连接片,使保护动作后不能够跳闸。

④合三相电源开关,合上模拟断路器,调节调压器输出,使线路上的线电压不超过 100 V,负载灯亮。

⑤根据前面实验所介绍的方法产生三相短路或两相短路故障。

⑥检查保护动作情况。保护应按 I 段—III 段顺序动作。

⑦实验结束,将调压器输出调为 0 V,断开所有电源开关。

注意:由于保护出口连接片已退出(断开),保护动作后不能使模拟断路器分断,所以故障持续时间不宜太长,即要在故障开始后,当所有保护均已动作时,人为断开故障模拟断路器。

四、实验结果分析

①比较分析三段式电流保护和电压电流联锁保护,以及复合电压启动的过电流保护的灵敏性。

②电流保护和电流、电压联锁保护的整定值计算方法各有什么不同?

实验 **8**

电磁型三相一次重合闸实验

一、实验目的

①熟悉电磁型三相一次自动重合闸装置的组成及原理接线图。

②观察重合闸装置在各种情况下的工作情况。

③了解自动重合闸与继电保护之间如何配合工作。

二、基本原理

1.DCH-1 重合闸继电器构成部件及作用

运行经验表明,在电力系统中,输电线路是发生故障最多的元件,并且它的故障大都属于暂时性的,这些故障当被继电保护迅速断电后,故障点绝缘可恢复,故障可自行消除。若重合闸将断路器重新合上电源,往往能很快恢复供电,因此自动重合闸在输电线路中得到极其广泛的应用。

在我国电力系统中,由电阻电容放电原理组成的重合闸继电器所构成的三相一次重合闸装置应用十分普遍。图 8.1 所示为 DCH-1 重合闸继电器的内部接线图。

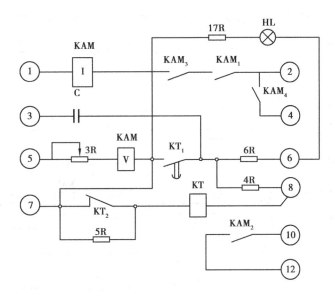

图 8.1　DCH-1 型重合闸继电器内部接线图

继电器内各元件的作用如下所述。

①时间元件 KT 用来整定重合闸装置的动作时间。

②中间继电器 KAM 装置的出口元件,用于发出接通断路器合闸回路的脉冲,继电器有两个线圈,电压线圈(用字母 V 表示)靠电容放电时启动,电流线圈(用字母 I 表示)与断路器合闸回路串联,起自保持作用,直到断路器合闸完毕,继电器才失磁复归。

③其他用于保证重合闸装置只动作一次的电容器 C。

④用于限制电容器 C 的充电速度,防止一次重合闸不成功时而发生多次重合的充电电阻器 4R。

⑤在不需要重合闸时(如手动断开断路器),电容器 C 可通过放电电阻 6R 放电。

⑥用于保证时间元件 KT 的热稳定电阻 5R。

⑦用于监视中间元件 KAM 和控制开关的触点是否良好的信号灯 HL。

⑧用于限制信号灯 HL 上电压的电阻 17R。

⑨继电器内与 KAM 电压线圈串联的附加电阻 3R(电位器),用于调整充电时间。

由于重合闸装置的使用类型不一样,故其动作原理也各有不同。如单侧电源和两侧电源重合闸,在两侧电源重合闸中又可分为同步检定、检查线路或母线电压的重合闸等。

2.重合闸的动作原理

现以图 8.2 为例说明重合闸的工作过程及原理,图中触点的位置相当于输电线路正常工作情况,断路器在合闸位置,辅助触点 QF1 断开,QF2 闭合。DCH-1 中的电容 C 经按钮触点 SB1(EF)和电阻 4R 已充电,整个装置准备动作,装置动作原理分几个方面加以说明。

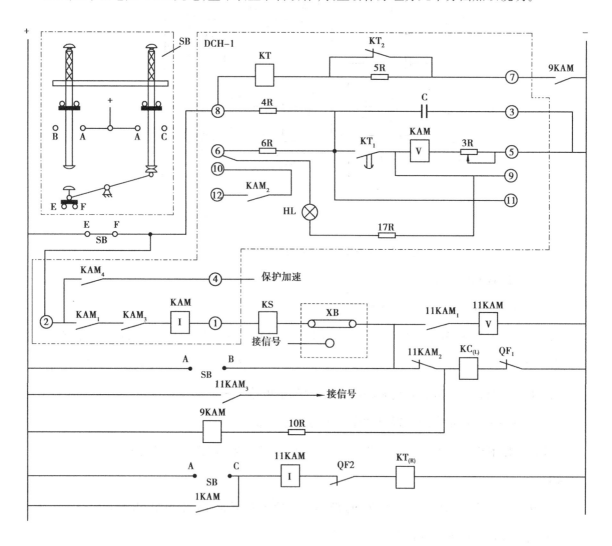

图 8.2 单端供电的一次重合闸原理接线图

①断路器由保护动作或其他原因(触点 1KAM 闭合)而跳闸。此时断路器辅助触点 QF1 返回,中间继电器 9KAM 启动(利用 10R 限制电流,以防止断路器合闸线圈 $KC_{(L)}$ 同时启动)其触点闭合后,启动重合闸装置的时间元件 KT 经过延时后触点 KT_1 闭合,电容器 C 通过 KT_1 对 $KAM_{(V)}$ 放电。KAM 启动后接通了断路器合闸回路[由+→SB(EF)→②→KAM_1→KAM(I)→

①→KS→XB→11KAM$_2$→KC$_{(L)}$→QF1→-〕KC$_{(L)}$通电后,实现一次重合闸,与此同时,信号继电器 KS 发出信号,由于 KAM$_{(I)}$ 的作用,使触点 KAM$_1$、KAM$_2$ 能自保持到断路器完成合闸,其触点 QF1 断开为止。如果线路上发生的是暂时性故障,则合闸成功后,电容器自动充电,装置重新处于准备动作的状态。

②如果线路上存在永久性故障。此时重合闸不成功,断路器第二次跳闸,9KAM 与 KT 仍同前而启动,但是由于这一段时间是远远小于电容器充电到使 KAM$_{(V)}$ 启动所必需的时间(15～25 s)因而保证了装置只动作一次。

③重合闸装置中间元件的触点 KAM$_1$ 发生卡住或者熔接,为了防止在这种情况下断路器多次合闸到永久性故障的线路上去,用中间继电器 11KAM,因为断路器合闸于永久性故障时,触点 1KAM 再次闭合跳闸回路〔由+→1KAM→11KAM$_{(I)}$→QF2→KT$_{(R)}$→-〕11KAM$_{(I)}$ 启动,如果 KAM$_1$ 已熔接或卡住,则中间继电器通过 11KAM$_{(V)}$ 自保持,并通过 11KAM$_3$ 发出信号,其动断触点 11KAM$_2$ 断开了合闸线圈回路,从而防止了断路器多次合闸。

④手动跳闸。当按下 SB(AC)时,断路器跳闸。由于 SB(EF)已断开,切断了装置的启动回路,避免了断路器发生合闸。

⑤手动合闸。(在投入前应先将装置中电容器 C 放电完毕)当按下 SB,接通电容器 C 的充电回路(由+→SB(EF)→⑧→4R→③→-)此时如果在输电线路上存在永久性故障,则断路器很快又被切除,因为电容器来不及充电到使 KAM$_{(V)}$ 启动所必需的电压,从而避免了断路器发生合闸。当用于双端供电的一次重合闸装置时,应该在回路中串入检查同期及检查无压的接点。

3.自动重合闸前加速保护动作

自动重合闸前加速保护动作简称为“前加速”。其意义可用如图 8.3 所示单电源辐射网络来解释。图中每一条线路上均装有过流保护 I/t,当其动作时限按阶梯形选择时,断路器 1QF 处的继电保护时限最长。为了加速切除故障,在 1QF 处可采用自动重合闸前加速保护动作方式。即在 1QF 处不仅有过流保护,还装设有能保护到 L_1 的电流速断保护 I 和自动重合闸装置 ARV。这时不论是在线路 L_1、L_2 或 L_3 上发生故障,1QF 处的电流速断保护都无延时地断开断路器 1QF,然后自动重合闸装置将断路器重合一次。如果是暂时性故障,则重合成功,恢复正常供电。如果是永久性故障,则在 1QF 重合之后,过流保护将按时限有选择性地将相应的断路器跳开。即当 K_3 点故障时,由 3QF 的保护跳开 3QF;若 3QF 保护拒动,则由 2QF 保护跳开断路器 2QF。"前加速"方式主要用于 35 kV 以下的网络。

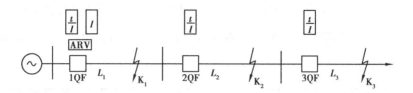

图 8.3　重合闸前加速保护动作的原理说明图

4.自动重合闸后加速保护动作

重合闸后加速保护动作简称为"后加速"。在采用这种方式时,就是第一次故障时,保护按有选择性的方式动作跳闸。如果重合于永久故障,则加速保护动作,瞬时切除故障。

在采用"后加速"方式时,必须在每条线路上都设有选择性的保护和自动重合闸装置。如图 8.4 所示,当任一线路上发生故障时,首先由故障线的选择性保护动作将故障切除,然后由故障线路的 ARV 进行重合,同时将选择性保护的延时部分退出工作。如果是暂时性故障,则重合成功,恢复正常供电,如果是永久性故障,故障线的保护便瞬时将故障再次切除。

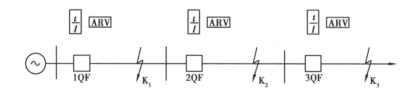

图 8.4　重合闸后加速保护动作的原理说明图

在 35 kV 以上的高压网络中,由于通常都装有性能较好的保护(如距离保护等)装置,所以第一次有选择性动作的时限不会很长(瞬动或延时 0.5 s),故"后加速"方式在这种网络中被广泛采用。

5.断路器防止"跳跃"的基本概念

DJZ-ⅢC 型实验台的跳闸回路原理图如图 8.5 所示。当断路器合闸后,如果由于某种原因造成控制开关 K_2 的触点或自动装置的触点 $5KM_2$ 未复归,此时如发生短路故障,继电保护动作使断路器跳闸,则会出现多次的"跳—合"现象,此现象称为"跳跃",所谓防跳就是采取措施防止断路器出现多次跳合现象的发生。

防止跳跃采取的措施是增加一个防跳中间继电器 3KM,它有两个线圈,一个电流启动线圈串于跳闸回路中,另一个是电压自保持线圈,经过自身的常开触点并联于合闸接触器中,此外在合闸回路上还串接了一个 3KM 的常闭触点。

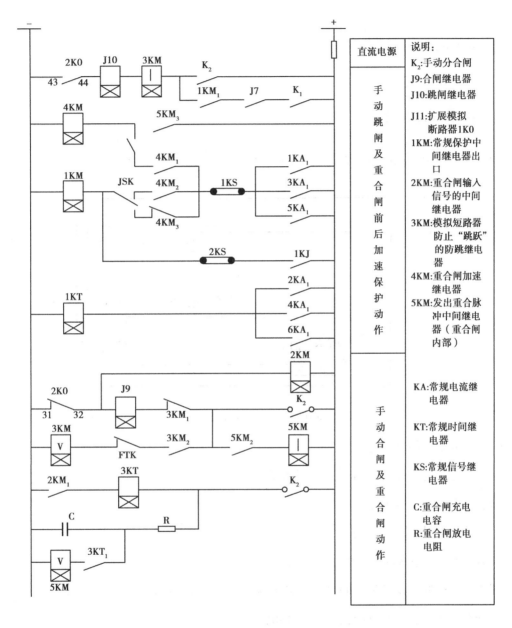

图 8.5 跳合闸回路原理图

当利用手动合闸开关 K_2 或自动装置 $5KM_2$ 进行合闸时,如合闸于短路故障上,继电保护动作,使断路器跳闸,此时,跳闸电流流过 3KM 的电流启动线圈,使 3KM 动作,其常闭接点断开合闸回路,常开接点接通 3KM 的电压线圈。若由于某种原因使 K_2 或 $5KM_1$ 不能断开,合闸脉冲不能解除,则 3KM 电压线圈通过 K_2 或 $5KM_2$ 实现自保持,长期断开合闸回路 3KM 断开,使断路器不能再次合闸。只有当合闸脉冲解除 3KM 电压自保持线圈断电后,才能恢复正常状态。

三、实验步骤

1.重合闸继电器实验

DCH-1 型重合闸继电器实验的接线如图 8.6 所示。

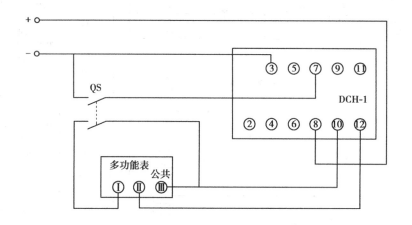

图 8.6 DCH-1 型重合闸继电器实验接线图

具体实验步骤如下所述。

①合上三相电源开关,合上直流电源开关。

②合上多功能表电源开关。

③等待充电时间 30 s 左右。

④合上 QS,记录多功能表测试值于表 8.1 中。

⑤断开 QS,重复步骤③至④4 次,比较实测值与整定值之间的误差。

⑥断开多功能表电源、直流电源和三相电源。

表 8.1 重合闸装置时间的测量值

	1	2	3	4	5
时间测量值					
误差值					

2.三段式电流保护与自动重合闸装置综合实验

(1)自动重合闸前加速保护动作实验

实验时请参阅图 7.1 及实验 7 的有关实验内容。

具体实验步骤如下所述。

①按完全星形实验接线完成实验连线,将变压器原边 CT 的二次侧短接,调整Ⅰ段整定值为 5.16 A,Ⅲ段整定值为 1.66 A。

②将重合闸开关切换至"ON",使其投入;再将加速方式选择开关切换至"前加速"的位置,也就选择好了重合闸前加速保护动作的方式。

③把"区内""线路"和"区外"转换开关选择在"线路"挡("区内""区外"是对变压器保护而言的,在线路保护中不使用)。

④合三相电源开关,三相电源指示灯亮(如果不亮,则停止下面的实验,检查电源接线,找出原因)。

⑤合上直流电源开关,直流电源指示灯亮(如果不亮,则停止下面的实验,检查电源接线并找出原因)。

⑥合上模拟断路器。

⑦缓慢调节调压器输出,使并入线路中的电压数显示值从 0 V 上升到 100 V,负载灯全亮。

⑧将常规出口连接片投入(连接 LP$_2$),微机出口连接片退出(断开 LP$_1$)。

⑨在重合闸继电器充电完成后,合上短路选择开关 SA、SB、SC 按钮。

⑩将短路电阻调节到 20%处,短时间合上故障模拟断路器,模拟系统发生暂时性三相短路故障。将实验过程现象记录于表 8.2 中。

⑪待系统稳定运行一段时间后,长时间合上短路开关,模拟系统发生永久性故障,将实验现象记录于表 8.2 中。

⑫实验完成后,使调压器输出电压为 0 V,断开所有电源开关。

(2)自动重合闸后加速保护动作实验

本实验步骤与前述实验(1)的步骤完全一样,只须在实验开始通电前将加速方式选择开关切换至"后加速"位置,将短路电阻调节到 80%处。

表 8.2　自动重合闸前/后加速保护实验数据记录

加速方式＼故障类型	永久性故障时	暂时性故障时	分析重合闸前、后加速保护的不同点
重合闸前加速保护动作情况			
重合闸后加速保护动作情况			

3.电流电压联锁保护与自动重合闸装置综合实验

按前述常规电流电压实验接线的完全星形实验接线,接好三段式电流保护接线,将变压器原边 CT 的二次侧短接,再接好电压继电器,电压继电器出口串上电流继电器出口,调整 I 段 3 个电流继电器的整定值为 4.3 A。电压继电器整定值为 56 V。重复实验(2)中的步骤,将实验现象记录于表 8.3 中。

表 8.3　电流电压联锁保护与重合闸装置综合实验数据记录表

加速方式＼故障类型	永久性故障时	暂时性故障时	分析重合闸前后加速保护的不同点
重合闸前加速保护动作情况			
重合闸后加速保护动作情况			

4.复合电压启动的过电流保护与自动重合闸装置综合实验

按前述完全星形实验接线,接好三段式电流保护接线,串入负序电压和低电压继电器,将变压器原边 CT 的二次侧短接, 调整 I 段整定值为 4.3 A,电压继电器整定值为 56 V,负序电压继电器整定值为 6 V,重复实验 2 中的步骤,将实验数据记录于表 8.4 中。

表 8.4　复合电压启动的过流保护与重合闸装置综合实验记录表

加速方式 ＼ 故障类型	永久性故障时	暂时性故障时	分析重合闸前后加速保护的不同点
重合闸前加速保护动作情况			
重合闸后加速保护动作情况			

5.断路器防止"跳跃"动作实验

实验步骤如下所述。

①按前述完全星形实验接线,将变压器原边 CT 的二次侧短接,调整Ⅰ段 3 个电流继电器的整定值为 1 A。Ⅱ段整定值为 0.8 A 或者Ⅲ段整定值为 0.8 A。

②将防跳开关切换到"ON"挡,即投入防跳继电器。

③将"区内""线路"和"区外"转换开关选择在"线路"挡("区内""区外"是对变压器保护而言的,线路保护中不使用)。

④合三相电源开关,三相电源指示灯亮(如果不亮则停止下面的实验)。

⑤合上直流电源开关,直流电源指示灯亮(如果不亮则停止下面的实验)。

⑥合上 1KO 模拟断路器,合上 2KO 模拟断路器。

⑦缓慢调节调压器输出,使并入线路中的电压表显示从 0 V 上升到 50 V 为止。

⑧将常规出口连接片投入(连接 LP_2),微机出口连接片退出(断开 LP_1)。

⑨合上短路选择开关 SA、SB、SC 按钮,并合上故障模拟断路器。

⑩将模拟线路电阻调到 50%处。

⑪顺时针扭动 K_2 不放,使其在手动合闸位置。将观察到的实验现象记录于表 8.5 中。

⑫K_2 在手动合闸位置持续一段时间后,松开 K_2 开关,将防跳开关切换至"OFF"位置,重复步骤⑪,记录实验现象。

⑬实验完成后,使调压器输出电压为 0 V,断开所有电源开关。

表 8.5 断路器防止"跳跃"实验数据记录表

防跳状态	投入防跳时	不投入防跳时	分析实验结果
动作情况			

四、实验结果分析

①分析重合闸前、后加速电流速断保护的过程有什么不同,其原因是什么。

②防跳继电器在本实验台上是如何实现防跳功能的?

③出现永久性故障时请仔细写出保护切除故障的动作过程,并算出相应的时间。

实验 **9**

输电线路的电流微机保护实验

一、实验目的

①学习电力系统中微机型电流保护时间、电流整定值的调整方法。

②研究电力系统中运行方式变化对保护的影响。

③了解电磁式保护与微机型保护的区别。

④熟悉三相一次重合闸与保护配合方式的特点。

二、实验原理

关于三段式电流保护的基本原理可参考实验 4 的有关内容,以下重点介绍本实验台关于微机保护的原理。

1.微机保护的硬件

微型机保护系统的硬件一般包括以下 3 大部分。

（1）模拟量输入系统

模拟量输入系统（或称数据采集系统），包括电压的形成、模拟滤波、多路转换（MPX）以及模数转换（A/D）等功能块，完成将模拟输入量准确地转换为所需要的数字量的任务。

（2）CPU 主系统

CPU 主系统包括微处理器（80C196KC）、只读存储器（EPROM）、随机存取存储器（RAM）以及定时器等。CPU 执行存放在 EPROM 中的程序，对由数据采集系统输入 RAM 的原始数据进行分析处理，以完成各种继电保护的功能。

（3）开关量（或数字量）输入/输出系统

由若干并行接口适配器（PIO）、光电隔离器件及有触点的中间继电器组成，以完成各种保护的出口跳闸、信号报警、外部接点输入及人机对话等功能。

微机保护的典型结构如图 9.1 所示。

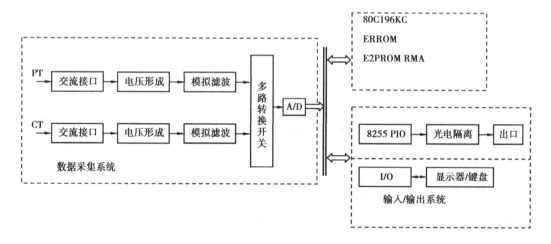

图 9.1　微机保护典型硬件结构图

2.数据采集系统

微机保护要从被保护的电力线路或设备的电流互感器、电压互感器或其他变换器上获取有关信息，但这些互感器的二次数值、输出范围对典型的微机电路却不适用，故需要变换处理。在微机保护中通常要求模拟输入的交流信号为±5 V 电压信号，因此一般采用中间变换器来实现变换。交流电流的变换一般采用电流中间变换器并在其二次侧并电阻以取得所需要的电压的方式。

对微机保护系统来说,在故障初瞬电压、电流中可能含有相当高的频率分量(例如 2 kHz 以上),而目前大多数的微机保护原理都是反映工频量的,因此可以在采样前用一个低通模拟滤波器(ALF)将高频分量滤掉。

对于反映两个量以上的继电器保护装置都要求对各个模拟量同时采样,以准确获得各个量之间的相位关系,因而应对每个模拟量设置一套电压形成。但由于模数转换器价格昂贵,通常不是每个模拟量通道设一个 A/D,而是共用一个,中间经模拟转换开关(MPX)切换轮流由公用的 A/D 转换成数字量输入给微机。模数转换器(A/D 转换器或称 ADC)。由于计算机只能对数字量进行运算,而电力系统中的电流、电压信号均为模拟量,因此必须采用模数转换器将连续的模拟量变为离散的数字量。模数转换器可以认为是一编码电路。它将输入的模拟量 UA 相当于模拟参考量 UR 经一编码电路转换成数字量 D 输出。

3.输入输出回路

(1)开关量输出回路

开关量输出主要包括保护的跳闸以及本地和中央信号等。一般都采用并行的输出口来控制有触点继电器(干簧或密封小中间继电器)的方法,但为了提高抗干扰能力,也经过一级光电隔离,如图 9.2 所示。

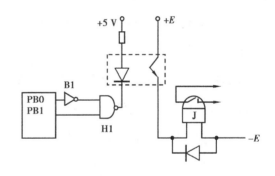

图 9.2　装置开关量输出回路接线图

(2)定值输入回路

对于某些保护装置,如果需要整定的项目很有限,则可以在装置面板上设置定值插销或拨轮开关,将整定值数码的每一位像接点那样输入。对于比较复杂的保护装置,如果需要整定的项目有很多时,可以将定值由面板上的键盘输入,并在装置内设置固化电路,将输入定值固化在 E^2PROM 中。本装置采用键盘输入方式设置定值,整定方法详见附录 2 中的有关使用说明。

4.CPU 系统

选择什么级别的 CPU 才能满足微机保护的需求,关键的问题是速度。也就是说,CPU 能否在两个相邻采样间隔内完成必须完成的工作。本实验所用微机保护采用美国 INTEL 公司高档16位微处理器80C 196KC作为中央处理器。在80C 196KC的内部集成了8路10位单极性A/D、6通道高速输出(HSO)和2通道高速输入(HIS)、4通道16位定时器、全双工串行通信接口、多路并行I/O口、512字节片内寄存器等,集成度高、功能强大,极其利于构成各种高性能控制器。

5.微机保护的软件

在DJZ-ⅢC实验保护台中,微机保护装有无时限速断电流保护、带时限电流速断保护、定时限过电流保护以及电流电压联锁速断保护。在DJZ-ⅢC变压器微机实验台中,装有变压器差动保护和变压器速切保护两种。

保护的软件是根据常规保护的原理,结合计算机的特点来设计的,其具有下述几个功能:

①正常运行时,装置可以测量电流(电压),起到类似电流、电压表的作用,同时还起到监视装置是否正常工作的作用。

②被保护元件(变压器及线路)故障时,它能正确地区分保护区内、外故障,并能有效地躲开励磁涌流的影响。

③其具有较完善的自检功能,对装置本身的元件损坏能及时发出信号。

④有软件自恢复的功能。

电流保护软件基本框图如图9.3所示。

三、实验内容

电流微机保护实验内容与实验8的实验内容近似,可参考。下面列出微机保护实验的有关内容。

1.三段式电流微机保护实验

(1)电流速断保护灵敏度检查实验

实验步骤如下所述。

①DJZ-ⅢC实验台的常规继电器和微机保护装置都没有接入电流互感器TA回路,在实验之前应该接好线才能进行试验,实验用一次系统图参阅图8.1,实验原理接线图如图9.4所示。按原理图完成接线,同时将变压器原边CT的二次侧短接。

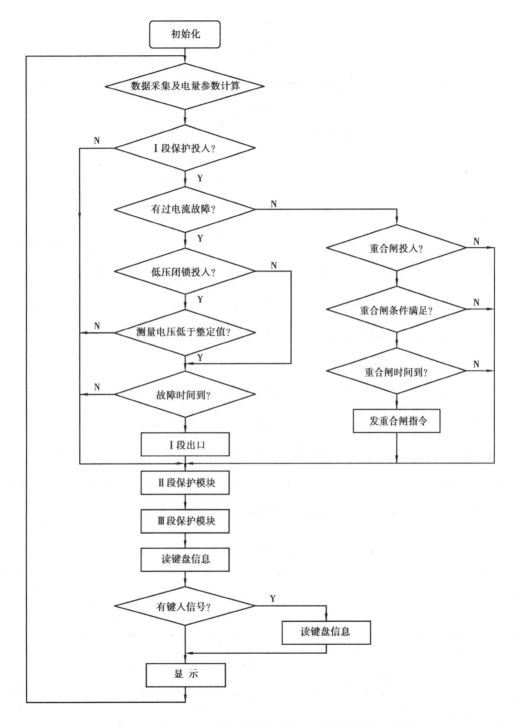

图 9.3 DJZ-ⅢC 实验台微机保护装置电流电压保护软件流程图

②将模拟线路电阻滑动头移动到 0 Ω 处。

③运行方式选择,置为"最小"处。

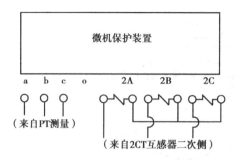

图9.4　微机电流电压保护实验原理接线图

④合上三相电源开关。

⑤合上直流电源开关;合上模拟断路器,调节调压器输出,使台上电压表指示从0 V慢慢升至100 V,注意此时的电压应为变压器二次侧电压,其值为100 V。负荷灯全亮。

⑥合上微机装置电源开关,根据实验3中三段式电流整定值的计算和附录2中所介绍的微机保护箱的使用方法,设置有关的整定,同时将微机保护的Ⅰ段(速断)投入,将微机保护的Ⅱ、Ⅲ段(过流、过负荷)退出。

⑦因用微机保护,则需将LP₁接通(微机出口连接片投入)。

⑧任意选择两相短路,如果选择AB相,合上AB相短路模拟开关。

⑨合上故障模拟断路器3KO,模拟系统发生两相短路故障,此时负荷灯部分熄灭,台上电流表读数约为7.14 A,大于速断(Ⅰ段)保护整定值,故应由Ⅰ段保护动作跳开模拟断路器,从而实现保护功能。将动作情况和故障时电流测量幅值记录于表9.1中。

表9.1　电流速断保护灵敏度检查实验数据记录表

			短路阻抗/Ω									
			1	2	3	4	5	6	7	8	9	10
最大运行方式	AB相短路	Ⅰ段动作情况										
		短路电流/A										
	BC相短路	Ⅰ段动作情况										
		短路电流/A										
	CA相短路	Ⅰ段动作情况										
		短路电流/A										

续表

			短路阻抗/Ω									
			1	2	3	4	5	6	7	8	9	10
正常运行方式	AB 相短路	Ⅰ段动作情况										
		短路电流/A										
	BC 相短路	Ⅰ段动作情况										
		短路电流/A										
	CA 相短路	Ⅰ段动作情况										
		短路电流/A										
			1	2	3	4	5	6	7	8	9	10
最小运行方式	AB 相短路	Ⅰ段动作情况										
		短路电流/A										
	BC 相短路	Ⅰ段动作情况										
		短路电流/A										
	CA 相短路	Ⅰ段动作情况										
		短路电流/A										

⑩断开故障模拟断路器,当微机保护动作时,需按微机保护箱上的"信号复位"按钮,重新合上模拟断路器,负荷灯全亮,即恢复模拟系统无故障运行状态。

⑪按表 9.1 中给定的电阻值移动短路电阻的滑动接头,重复步骤⑨和步骤⑩直到不能使Ⅰ段保护动作,再减小一点模拟线路电阻,若故障时保护还能动作,记录此时的短路电流和滑线变阻器的阻值,并记入表 9.1 中(1 代表保护动作,0 代表保护不动作)。

⑫改变系统运行方式,分别置于"最大""正常"运行方式,重复步骤⑧至步骤⑪,记录实验数据填入表 9.1 中。

⑬分别改变短路形式为 BC 相和 CA 相,重复步骤⑨至步骤⑫。

⑭实验结束后,将调压器输出调回零,断开各种短路模拟开关,断开模拟断路器,最后断开所有实验电源开关。

（2）带时限电流速断保护灵敏度检查实验

实验步骤与实验（1）完全相同，只是将微机保护的Ⅰ、Ⅲ段退出，只将Ⅱ段投入，同时为减少实验次数，可将短路电阻初始位置设为 5 Ω 处。

关于Ⅲ段（过负荷）保护范围的检查，请参考以上实验步骤，自己设计实验，这里不赘述，此外三相短路实验对三段式电流保护范围的检查步骤同上，这里也不重复，请大家自行设计。

（3）过电流保护范围检验

实验步骤参考以上实验。

（4）三相短路时三段式保护各段范围检查

实验步骤参考以上实验。

（5）同站间保护配合实验

为了观察同站间微机保护的配合，根据本实验台的硬件设置情况，必须断开所有微机保护的出口分闸回路，改用常规过电流保护分开故障线路的模拟断路器。实验步骤如下所述。

①常规保护按完全星形两段式接线图接好（只需使用常规过电流保护，且整定时间稍大于微机保护Ⅲ段动作时间）。同站保护配合实验原理接线图如图9.5所示。

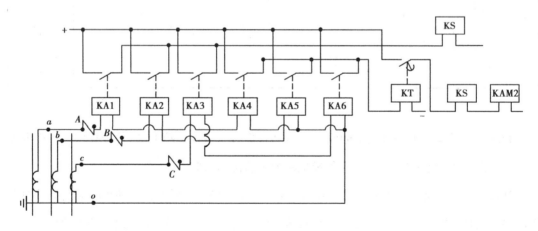

图9.5　同站间保护配合实验原理接线图

②将常规保护各元件的整定值按Ⅰ、Ⅲ段整定，且时间继电器整定时间要比微机保护Ⅲ段的整定时间多 1~2 s。

③合上三相电源开关，调节调压器输出，使台上电压表指示从 0 V 慢慢升至 100 V，负荷灯全亮。

④合上实验台上的直流电源开关。

⑤合上模拟断路器。

⑥合上微机装置电源开关,按实验(1)中所述方法整定有关整定值,退出低压启动和重合闸功能,将保护Ⅰ、Ⅱ、Ⅲ段均投入。

⑦将模拟线路电阻滑动头移到 5 Ω处。

⑧选择系统运行方式,置于"最大",将微机出口 LP₁ 退出,将常规出口 LP₂ 投入。

⑨合上 SA、SB、SC 短路模拟开关。

⑩合上故障模拟断路器 3KO,模拟系统发生三相短路故障。

此时负荷灯全部熄灭,微机Ⅰ段保护首先动作,显示"Sd-×××"(×××为测量的故障电流幅值大小),同时"Ⅰ段动作"指示灯点亮,因 LP1 开路会导致模拟断路器不能分断,随后微机Ⅱ段保护动作,显示"GL-×××",同时"Ⅱ段动作"指示灯点亮,但因本实验台微机保护Ⅰ、Ⅱ、Ⅲ段出口共用 LP1,所以此时模拟断路器仍不能分断,再延时一会就会有微机Ⅲ段保护动作,显示"FH-×××",同时"Ⅲ段动作"指示灯点亮,但因共用一个出口且 LP1 并没有投入,所以微机保护不能将故障切除。但因为常规保护Ⅲ段投入了,且常规保护Ⅲ段动作时间整定比微机保护Ⅲ段动作时间稍长,所以常规保护Ⅲ段将在微机保护Ⅲ段动作之后动作切除故障(此处加入常规保护Ⅲ段,是为配合本实验,因微机Ⅰ、Ⅱ、Ⅲ段共用一个出口 LP1,将其退出之后,本实验台就没有任何保护,当短路故障发生后,因电流较大,怕故障长时间不能切除而烧损设备,故投入常规保护Ⅲ段以作后备)。

⑪可通过查询故障显示画面顺序确定故障发生的先后顺序。

⑫断开故障模拟断路器,按微机保护装置上的"信号复位"按钮,重新合上模拟断路器,即恢复模拟系统的无故障运行。

⑬改变故障短路点和系统运行方式,比较实验现象有何不同。并记录实验数据于表9.2中。

表 9.2　三段式电流保护配合动作电流测试值

短路电阻/Ω 短路电流/A	3	4	5	6	7	8
Ⅰ段动作情况						
Ⅱ段动作情况						
Ⅲ段动作情况						
动作电流 I_d/A						

⑭实验结束后,将调压器输出调回零,断开短路模拟开关,再断开模拟断路器,最后断开所有实验电源开关。

注意:为了获得比较理想的实验效果,可以适当延长各段保护时间整定值间的差值。

2.微机重合闸实验

本次实验改为最小运行方式下三相短路实验。实验步骤如下所述。

①按图9.4所示原理接线图完成实验接线。

②将台面上部的 LP_1 短接(微机出口连接片投入),将 LP_2 断开(常规出口连接片不投入)。

③将线路电阻滑动头移动到 3 Ω 处。

④系统运行方式选择开关置于"最小"位置。

⑤合上三相电源开关,将调压器输出从屏上电压表指示 0 V 慢慢上升至 100 V,负荷灯全亮,让其在正常状态下运行约 10 s。

⑥合上直流电源开关,合上模拟断路器。

⑦合上微机装置电源开关,根据前几次实验中介绍的方法确定整定值的大小,将三段电流保护全部接入,保护装置的低电压值设为 60 V,并将低压闭锁和重合闸功能均接入。

⑧合上 SA、SB、SC 短路模拟开关。

⑨短时间合上故障模拟断路器 3KO,模拟系统发生三相短路故障。

此时,负荷灯全熄,保护单元箱Ⅰ段保护动作,发命令断开模拟断路器,同时显示屏显示"Sd-×××",并点亮"Ⅰ段动作"指示灯;等待一会儿后(等待时间由装置中设置的重合闸时间确定),微机装置会发命令将断开的模拟断路器再次合上,同时显示屏显示为"--CH--",若此时故障模拟断路器仍然处在合闸状态,则保护装置会迅速再发出跳闸命令将模拟断路器永久分开,并不再进行重合闸操作,同时,微机保护装置显示改为"GS-×××";若重合闸发生时,故障模拟断路器已经处于断开状态,则可使重合闸操作成功。重合闸操作成功后约 10 s,再进行故障实验,则动作情景同上所述。

⑩对永久性故障,在加速跳闸后断开故障模拟断路器,复位微机装置上的"信号复位"按钮,重新合上模拟断路器恢复无故障运行。

⑪根据表9.3中给定的短路电阻值重新设置短路电阻滑动触头的位置,重复步骤⑨和步骤⑩,将实验数据数据记录在表9.3中。

表 9.3　三段式与重合闸配合实验动作值

短路电流/A ＼ 短路电阻/Ω	3	4	5	6	7	8
Ⅰ段动作情况						
Ⅱ段动作情况						
Ⅲ段动作情况						
动作电流 I_d/A						
永久性故障时动作情况						

⑫实验结束后,将调压器输出调回零,断开短路模拟开关,断开模拟断路器,最后断开所有实验电源开关。

四、实验结果分析

①微机型电流保护有何特点?

②微机保护与常规电流电压保护有何异同?

实验 **10**

变压器差动保护实验

一、实验目的

①熟悉变压器纵差保护的组成原理及整定值的调整方法。

②了解 Y/△接线的变压器,其电流互感器二次接线方式对减少不平衡电流的影响。

③了解差动保护制动特性的特点,观察差动保护制动特性上 A 点或 B 点大小的变化对保护灵敏度和保护避不平衡电流能力的影响。

二、变压器纵联差动保护的基本原理

1.变压器保护的配置

变压器是十分重要和贵重的电力设备,在电力部门中使用相当普遍。变压器如发生故障将给供电的可靠性带来严重的后果,因此在变压器上应装设灵敏、快速、可靠和选择性好的保护装置。

变压器上装设的保护一般有两类:一类为主保护,如瓦斯保护,差动保护;另一类为后备保护,如过电流保护、低电压启动的过流保护等。

本实验台的主保护采用二次谐波制动原理的差动保护。

2.变压器纵联差动保护基本原理

图 10.1 为双绕组变压器纵联差动保护的单相原理图,元件两侧的电流互感器的接线应使在正常和外部故障时流入继电器的电流为两侧电流之差,其值接近于零,继电器不动作;内部故障时流入继电器的电流为两侧电流之和,其值为短路电流,继电器动作。但是,由于变压器高压侧和低压侧的额定电流不同,为了保证正常和外部故障时,变压器两侧的两个电流相等,从而使流入继电器的电流为零,即

$$I_{KA} = \frac{I_1}{K_{TAY}} - \frac{I_2}{K_{TA\triangle}} = 0 \qquad (10.1)$$

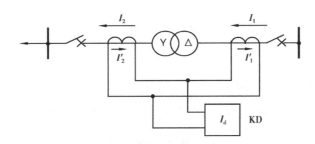

图 10.1 变压器纵联差动保护单相原理图

式(10.1)可改写为: $\dfrac{K_{TA\triangle}}{K_{TAY}} = \dfrac{I_2}{I_1} = K_T$

式中 K_{TAY}、$K_{TA\triangle}$——分别为变压器 Y 侧和 △ 侧电流互感器变比;

K_T——变压器变比。

显然要使正常和外部故障时流入继电器的电流为零,就必须适当选择两侧互感器的变比,使其比值等于变压器变比。但是,实际上正常或外部故障时流入继电器的电流不会为零,即有不平衡电流出现。原因如下所述。

①各侧电流互感器的磁化特性不可能一致。

②为满足式(10.1)要求,计算出电流互感器的变比,与选用的标准化变比不可能相同。

③当采用带负荷调压的变压器时,由于运行的需要为维持电压水平,常常变化变比 K_T,从

而使式(10.1)不能得到满足。

④由图10.1可见,变压器一侧采用△接线,一侧采用丫接线,因而两侧电流的相位会出现30°的角度差,就会产生很大的不平衡电流,如图10.2所示。

⑤由于电力系统发生短路时,短路电流中含有非周期分量,这些分量很难感应到二次侧,从而造成两侧电流的误差。

⑥分析表明,当变压器空载投入和外部故障切除后,电压恢复时,有可能出现很大的变压器激励电流,通常称为激励涌流。由于涌流只流过变压器的一侧,其值又可达到额定电流6~8倍,故常导致差动保护的误动。

为了要实现变压器的纵联差动保护,就要努力使式(10.1)得到满足,尽量减少不平衡电流,在上述6种因素中有些因素因为其数值很小,有些因素因为是客观存在不能人为改变的,故常常在整定计算时将它们考虑在可靠系数中。

本实验台上学生可以自己动手接线,将两侧电流互感器副方的电流接入微机保护,若接线正确,则流入微机保护的差电流近似为零,否则差电流较大,如图10.2所示。丫侧与△侧的一次电流有30°的相位差,因此可以将丫侧电流互感器二次电流接成△,△侧的二次电流接成丫进行校正。

在变压器差动保护中,虽然采用了许多办法来减少不平衡电流的影响,但是不平衡电流仍然比较大,而且其值随着一次穿越变压器短路电流的增大而增大,这种关系可近似用图10.3所示的直线1来描述。若变压器差动保护的动作电流按躲开外部故障的最大短路电流来整定,如图10.3所示的直线2,可见保护的动作电流较大,这时对于短路电流较小的内部故障,灵敏度往往不能满足要求。如果能利用变压器的穿越电流来产生制动作用,使得穿越电流大时,产生的制动作用大,穿越电流小时,产生的制动作用小,并且使保护的动作电流也随制动作用的大小而改变,即制动作用大时,动作电流大些,制动电流小时,动作电流也小,那么在任何外部短路电流的情况下,差动保护的动作电流都能大于相应的不平衡电流,从而既提高灵敏度,又不致误动,差动保护的制动特性曲线如图10.3所示的曲线3所示,曲线3上方的阴影部分区域为差动保护的动作区。曲线3中 A 点对应为差动保护的最小动作电流 $I_{pu.0}$,一般取$(0.25\sim0.5)I_N$。$I_{pu.0}$ 小时保护较灵敏。B 点对应的制动电流,一般取$(1\sim3)I_N$。当 B 点取值小时,保护不易动作。曲线3的斜率 $\tan\alpha$,视不平衡电流的大小程度确定,一般取 $\tan\alpha=0.25\sim0.5$。当斜率小时,差动保护动作较灵敏。

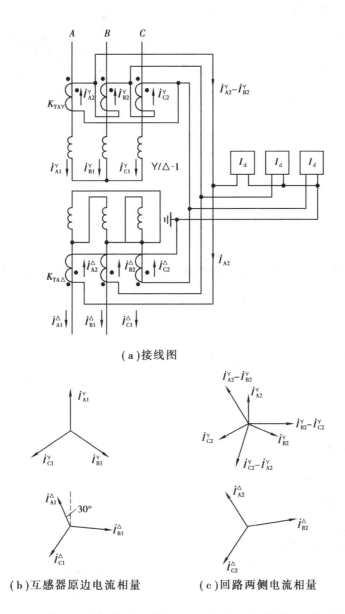

（a）接线图

（b）互感器原边电流相量　　（c）回路两侧电流相量

图 10.2 Y/△-11 接线的变压器差动保护的三相接线图及相量图

本实验台微机变压器差动保护制动特性的 A、B 点，在实验时可以通过整定进行改变，调节 A 点或 B 点可检查制动特性曲线对保护的影响。

在空载变压器或外部故障切除后恢复供电的情况下，可能出现激磁涌流，因为它只流过变压器的一侧，常常导致差动保护误动作，给差动保护的实现带来困难。分析表明，在电源电压 $U=0$ 时，投入空载变压器，就有可能出现最大激磁涌流，在电源电压 $U=U_{\max}$ 时投入空载变压器，则激磁涌流可能很小。

本实验台上学生可以通过合闸空载变压器观察激磁涌流的情况。

分析表明,空载投入变压器时,出现的激磁涌流具有 3 大特点,如下所述。

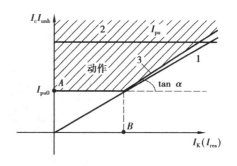

图 10.3 制动特性说明图

①涌流中有很大的非周期分量。

②涌流波形经削去负波之后出现间断。

③涌流中具有大量的高次谐波分量,其中以二次谐波为主。所以在变压器差动保护中,常常利用二次谐波作为制动量以躲开激磁涌流的影响(实用上也可用其他方法,例如利用判别间断角原理等)。

本实验台的微机差动保护为躲开激流涌流的影响,是利用二次谐波作为制动量的。$(I_1-6I_2)>0$ 判为内部故障;$(I_1-6I_2)<0$ 则为激磁涌流。式中,I_1 为激磁涌流的基波分量;I_2 为激磁涌流的二次谐波分量。

微机变压器差动保护的典型硬件结构图与图 8.1 一样。

微机变压器差动保护采用如图 10.3 所示的制动特性,这部分的软件基本框图如图 10.4 所示。

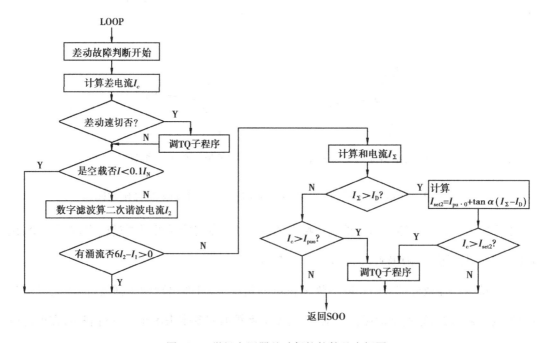

图 10.4 微机变压器差动保护软件基本框图

三、实验内容

变压器差动保护实验的一次系统图如图 10.5 所示。

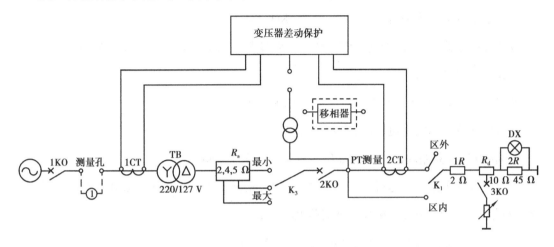

图 10.5　变压器差动保护实验的一次系统图

实验变压器高压侧为 Y 形接法,线电压为 220 V,低压侧为 △ 形接法,线电压为 127 V。高、低压侧变比为 $\sqrt{3}:1$;线路正常运行方式下低压侧每相负荷电阻为 61 Ω。

1.微机变压器差动保护实验

（1）模拟变压器正常运行方式实验

①根据图 10.6 所示完成实验接线,为了测量变压器一次电参数大小,将交流电压表并接到 PT 测量插孔,将电流表串接在变压器原边一次回路中。

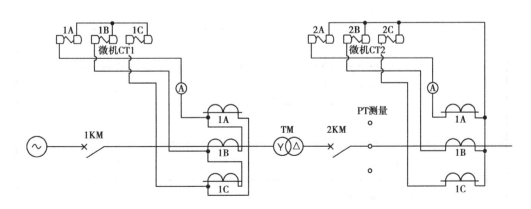

图 10.6　接线图

②将调压器电压调节调至 0 V。

③将系统阻抗切换开关 K$_3$ 置于"正常"位置,将故障转换开关 K$_1$ 置于"线路"位置。

④合上三相电源开关,合上微机装置电源开关,根据附录 2 中介绍的方法将有关整定值的大小设置为理论计算值,退出所有保护功能。

⑤合上直流电源开关;合上模拟断路器 1KO、2KO。

⑥调节调压器,使变压器副边电压从 0 V 慢慢上升至 100 V,模拟系统无故障运行。

⑦在表 10.1 中记录有关实验数据。

⑧实验完成后,使调压器输出电压为 0 V,断开所有电源开关。

⑨对比计算值和实际值,分析误差产生的原因。

(2)微机变压器差动保护中电流互感器接线正确性实验

①在模拟变压器正常运行方式实验的基础上,先调节调压器使其输出电压为 0 V,然后断开模拟断路器 1KO、2KO,再断开所有实验电源开关。

②改变变压器副边 CT 二次侧接线极性,完成改接线。

③合上三相电源开关和直流电源开关,合上模拟断路器 1KO 和 2KO,调节调压器使电压表读数从 0 V 慢慢升高至 100 V。

④记录此时差电流的读数,并填入表 10.2 中。

表 10.1 微机差动保护实验数据记录表

方 式	项 目 参 数	高压侧电流/A			低压侧电流/A		
		A 相	B 相	C 相	A 相	B 相	C 相
计算值	一次电流						
	二次电流						
测量值	一次电流						
	二次电流						
误差计算	一次电流误差						
	二次电流误差						

表 10.2　CT 接线方式变化对差电流测量的影响实验数据记录表

方式 　参数　项目		变压器副方 CT 二次侧极性出错时差电流/A			变压器原边 CT 二次侧改为 Y 联接时差电流/A		
		A 相	B 相	C 相	A 相	B 相	C 相
计算值	一次电流						
	二次电流						
测量值	一次电流						
	二次电流						
误差计算	一次电流误差						
	二次电流误差						

⑤将调压器输出调为 0 V,断开 1KO、2KO,断开所有实验电源开关。

⑥恢复变压器副边 CT 二次侧接线为正确极性下的接线。

⑦将变压器原边 CT 二次侧接线改为 Y 联接形式的接线。

⑧重复步骤③和步骤④。

⑨分析 CT 接线方式变化对差电流测量的影响的原因,如图 10.7 所示。

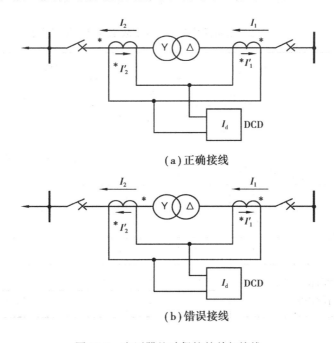

图 10.7　变压器差动保护的单相接线

⑩实验完成后,将调压器输出调为 0 V,断开所有电源开关。

(3)变压器内部故障实验

①按实验(1)中的方法让模拟变压器在正常运行方式下运行。

②按附录 2 中介绍的方法让微机保护装置运行在变压器差动保护程序下,将其有关整定值整定为理论计算值,将保护功能投入。将故障转换开关 K_1 置于"区内"位置。

③从微机装置上记录变压器两侧 CT 二次侧测量电流幅值的大小。由于在变压器实验时,只要故障转换开关 K_1 置于"区内"位置,则从硬件电路上将变压器副边 CT 一次回路短接了,因此这时变压器副边 CT 二次侧测量电流幅值基本为 0 A。

④将短路电阻滑动头调至 50% 处。

⑤合上短路模拟开关 SA、SB。

⑥合上短路操作开关 3KO,模拟系统发生两相短路故障,此时负荷灯全熄,模拟断路器 1KO、2KO 断开,将有关实验数据记录在表 10.3 中。

⑦断开短路操作开关 3KO,合上 1KO、2KO 恢复无故障运行。

⑧改变步骤④中短路电阻的大小,如取值分别为 8 Ω 或 10 Ω,或步骤⑤中短路模拟开关的组合,重复步骤⑥和步骤⑦,将实验结果记录于表 10.3 中。

⑨实验完成后,使调压器输出电压为 0 V,断开所有电源开关。

表 10.3　微机差动保护变压器内部故障实验数据记录表

方　式	参　数\项　目	短路电阻/Ω					
		5	8	10	5	8	10
		高压侧电流/A			低压侧电流/A		
三相短路	计算值						
	实验测量值						
两相短路电流实验测量值	AB 相						
	BC 相						
	CA 相						
正常运行时微机装置电流测量幅值/A		1A	1B	1C	2A	2B	2C

（4）变压器外部故障实验

实验步骤与"变压器内部故障实验"步骤完全一样,只须先将故障转换开关 K_1 置于"区外"位置即可。实验记录表格 10.4 也与表 10.3 一样。

表 10.4　微机差动保护变压器外部故障实验数据记录表

方　　式	项　　目 参　　数	短路电阻/Ω					
		5	8	10	5	8	10
		高压侧电流/A			低压侧电流/A		
三相短路	计算值						
	实验测量值						
两相短路电流实验测量值	AB 相						
	BC 相						
	CA 相						
正常运行时微机装置电流测量幅值/A		1A	1B	1C	2A	2B	2C

（5）空载投入变压器时,激磁涌流对保护的影响实验

①实验接线与本节实验（1）的一样。

②先按实验（1）中介绍的方法让变压器在正常运行方式运行,然后断开模拟断路器 1KO、2KO。

③将微机装置中的保护功能全部投入。

④再次投入模拟断路器 1KO,观察差电流表的指示值,重复多次合 1KO 的过程,观察激磁涌流对保护的影响。

⑤将速切保护的整定值降低,重复步骤④,观察速切保护是否误动。

⑥实验完成后,使调压器输出电压为 0 V,断开所有电源开关。

（6）改变差动保护制动特性对保护灵敏度影响实验

微机变压器差动保护制动特性如图 10.8 所示,A 点上、下移动,B 点左右移动都可以改变动作区,但 A 点上、下移动改变的是差动保护的灵敏度,B 点左右移动改变的是差动保护躲不平衡电流的能力。

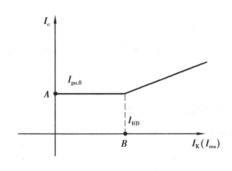

图 10.8　差动保护制动特性

在微机变压器差动保护整定值中,通过改变"C6"项取值的大小可改变 A 点;通过改变"C7"项取值的大小可改变 B 点。

实验接线及实验步骤与前面介绍的变压器内部故障实验过程完全一样,只需要在每次故障之前将变压器整定值根据实验要求进行改变,实验记录表格也可使用前两个实验同样的格式,也可根据实际情况自行设计记录表格。

请通过改变 $I_{pu.0}$(增加或减少)和 I_{HD}(增加或减少)在模拟变压器内部或外部短路的情况下观察和分析差动保护的动作情况。

2.用 DCD-5 差动继电器实现变压器差动保护实验

使用 DCD-5 差动继电器实现变压器差动保护实验原理接线图,如图 10.9 所示。

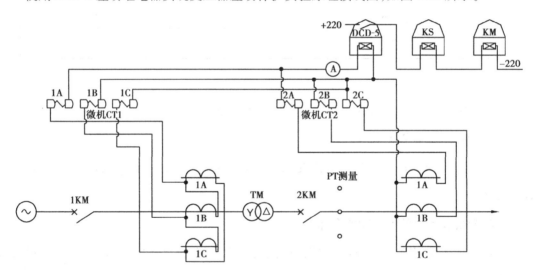

图 10.9　DCD-5 差动继电器实现变压器差动保护实验原理接线图

(1)变压器内部故障实验

实验步骤如下所述。

①按图 10.9 完成实验接线。由于实验台上只设有一个差动继电器,故将差动继电器接在 A 相回路中,其他两相直接短接。将微机保护装置的 CT 接入是利用微机装置测量其二次侧的电流幅值大小。

②将差动继电器的动作值整定为 2 A,将系统阻抗切换开关 K_3 置于"正常"位置,将故障

转换开关 K_1 置于"区内"位置。

③合上三相电源开关和直流电源开关,合上模拟断路器 1KO、2KO。

④合上微机保护装置电源开关,修改其整定值,退出所有保护功能。

⑤调节调压器使变压器副边输出电压从 0 V 慢慢上升至 100 V。

⑥从微机装置上记录变压器两侧 CT 二次侧测量电流幅值的大小,由于在变压器实验时,只要故障转换开关 K_1 置于"区内"位置,则从硬件电路上将变压器副边 CT 一次回路短接了,因此这时变压器副边 CT 二次侧测量电流幅值基本为 0 A。

⑦将短路电阻滑动头调至 50% 处。

⑧合上短路模拟开关 SA、SB。

⑨合上短路操作开关 3KO,模拟系统发生两相短路故障,此时负荷灯全熄,模拟断路器 1KO、2KO 断开,将有关实验数据记录在表 10.5 中。

表 10.5　差动继电器变压器内部故障实验数据记录表

方　式	参　数 项　目	短路电阻/Ω					
		5	8	10	5	8	10
		高压侧电流/A			低压侧电流/A		
三相短路	计算值						
	实验测量值						
两相短路电流 实验测量值	AB 相						
	BC 相						
	CA 相						
正常运行时微机装置 电流测量幅值/A		1A	1B	1C	2A	2B	2C

⑩断开短路操作开关 3KO,合上 1KO、2KO 恢复无故障运行。

⑪改变步骤⑦中短路电阻的大小,如取值分别为 8 Ω 或 10 Ω,或步骤⑧中短路模拟开关的组合,重复步骤⑨和步骤⑩,将实验结果记录于表 10.5 中。

⑫实验完成后,使调压器输出电压为 0 V,断开所有电源开关。

（2）变压器外部故障实验

实验步骤与本节实验（1）中所述步骤完全一样,只须在故障开始前先将故障转换开关 K_1

置于"区外"位置即可。实验记录表10.6也与表10.5一样。

表 10.6　差动继电器变压器外部故障实验数据记录表

方　式	参　数项　目	短路电阻/Ω					
		5	8	10	5	8	10
		高压侧电流/A			低压侧电流/A		
三相短路	计算值						
	实验测量值						
两相短路电流实验测量值	AB 相						
	BC 相						
	CA 相						
正常运行时微机装置电流测量幅值/A		1A	1B	1C	2A	2B	2C

四、实验结果分析

①差动继电器中为什么要引入二次谐波制动？

②请说明差动继电器的穿越制动曲线的作用。

③三绕组变压器与两绕组变压器保护的配置有何不同？

④变压器差动保护中产生不平衡电流的因素有哪些？

实验 **11**

线路送电倒闸操作

一、实验目的

①掌握变配电所送电倒闸操作。

②熟悉倒闸操作的要求及步骤,倒闸操作注意事项。

③熟悉如何在变配电控制屏进行倒闸操作。

二、实验原理

1.变配电所送电操作

变配电所送电时,一般应从电源侧的开关合起,依次合到负荷侧的开关。按这种程序操作,可使开关的闭合电流减至最小,比较安全;万一某部分存在故障,也容易发现。但是在有高压隔离开关-高压断路器及有低压刀开关-低压断路器的电路中,送电一定要按下述程序操作:

①合母线侧隔离开关或刀开关；

②合负荷侧隔离开关或刀开关；

③合高压或低压断路器。

如果变配电所是事故停电以后的恢复送电,则操作程序视变配电所所装设的开关类型而定。如果电源进线是装设的高压断路器,则高压母线发生短路故障时,断路器自动跳闸。在故障消除后,则可直接合上断路器来恢复送电。如果电源进线是装设的高压负荷开关,则在故障消除后,先更换熔断器的熔管,然后合上负荷开关即可恢复送电。如果电源进线是装设的高压隔离开关-熔断器,则在故障消除后,先更换熔断器的熔管,再断开所有出线开关,然后合上隔离开关,最后合上所有出线开关以恢复送电。电源进线装设的是跌开式熔断器时,送电操作的程序与进线装设的隔离开关-熔断器的操作程序相同。

2.线路停送电操作(以给电阻负荷送为例)

①合上变配电控制屏的总电源和控制电源开关。

②将 QS1、QS3、QS10 隔离刀闸置于合闸位置,再将 QF1、QF4 断路器的合闸开关合上,使 T1 变压器充电,此时 35 kV 1#母线带电。

③将 QS17 隔离刀闸置于合闸位置,再将 QF7 断路器的合闸开关合上,使 10 kV 1#母线带电。

④将电阻负荷开关 QF9 合上,这时电阻负荷线路已完成了送电操作。

⑤若需要将电阻线路停止送电,只要将电阻负荷开关切除即可。

⑥实验结束后,按以上方法将电阻负荷开关机断开相应的断路器和隔离刀闸,最后断开实验电源。

三、实验步骤

初始运行状态:变电所 1 号电源进线与 1 号主变处于检修状态,2 号电源进线与 2 号主变处于检修状态,高压母线和低压母线均分段运行。

操作任务:变电所 1 号电源及 1 号变压器由检修转运行。

学员根据操作任务自行确定操作方案,填写倒闸操作票于表 11.1 中,并根据现场实际操作规程和人员角色分配,在电气控制屏上进行模拟倒闸操作。

表 11.1　送电倒闸操作票

××变电站			操作开始时间　　年　月　日　时　分 操作终结时间　　年　月　日　时　分
操作任务:变电所 1 号电源及 1 号变压器由检修转运行			
√	顺序	操作项目	
	1		
	2		
	3		
	4		
	5		
	6		
	7		
	8		
	9		
	10		

操作人:×××　　　　　　　　　　　监护人:×××　　　　　　　　　　值班负责人:×××

四、实验报告

　　实验完成后,整理倒闸操作票,并结合倒闸操作规则检查操作票是否符合要求,操作步骤是否正确,确认无误后,书面提交倒闸操作票作为实验报告。

实验 *12*

线路停电倒闸操作

一、实验目的

①掌握变配电所停电倒闸操作。

②熟悉倒闸操作的要求及步骤,倒闸操作注意事项。

③熟悉如何在变配电控制屏进行倒闸操作。

二、实验原理

变配电所停电时,一般应从负荷侧的开关拉起,依次拉到电源侧的开关。按这种程序操作,可使开关的开断电流减至最小,也比较安全。但是在有高压隔离开关-高压断路器及有低压刀开关-低压断路器的电路中,停电时一定要按下述程序操作:

①拉高压或低压断路器;

②拉负荷侧隔离开关或刀开关;

③拉母线侧隔离开关或刀开关。

三、实验步骤

初始运行状态:变电所 1 号电源进线与 1 号主变处于正常状态,2 号电源进线与 2 号主变处于检修状态,高压母线和低压母线均分段运行。

操作任务:变电所 1 号电源及 1 号变压器由运行转检修。

学员根据操作任务自行确定操作方案,填写倒闸操作票于表 12.1 中,并根据现场实际操作规程和人员角色分配,在电气控制屏上进行模拟倒闸操作。

表 12.1　停电倒闸操作票

××变电站		操作开始时间　　年　月　日　时　分 操作终结时间　　年　月　日　时　分	
操作任务:变电所 1 号电源及 1 号变压器由检修转运行			
√	顺序	操作项目	
	1		
	2		
	3		
	4		
	5		
	6		
	7		
	8		
	9		
	10		

操作人:×××　　　　　　　　　　　监护人:×××　　　　　　　　　　　值班负责人:×××

四、实验报告

实验完成后,整理倒闸操作票,并结合倒闸操作规则检查操作票是否符合要求,操作步骤是否正确,确认无误后,书面提交倒闸操作票作为实验报告。

两路进线供电转一路供电倒闸操作

一、实验目的

①了解母联备投的原理和工作方式。

②熟悉倒闸操作的要求及步骤,倒闸操作注意事项。

③熟悉如何在变配电控制屏进行倒闸操作。

二、实验原理

电源进线:本装置共有两路 35 kV 电源进线:一路是架空线——甲线,另一路是电缆线——乙线。最常见的进线方案是一路电源来自发电厂或电力系统变配电站,作为正常工作电源;另一路取自邻近单位的高压联络线,作为备用电源,也可两路电源同时供电。

装置中的粗实线称为母线,是配电装置中用来汇集和分配电能的导体。如果该配电站采用一路电源工作,一路电源备用,则母线分段开关通常是闭合的。

检测、保护装置:为了测量、监视、保护和控制主电路设备的工作情况,每段母线上都接有电压互感器,进线和出线上都接有电流互感器。

高压配电出线:由于高压配电线路都是由高压母线分配,因此其出线断路器需在母线侧加装隔离开关,以保证断路器和出线的安全检修。

三、实验步骤

初始运行状态:变电所正常运行状态,即1号电源进线对1号主变供电,2号电源进线对2号主变供电,高压母线和低压母线均分段运行。

操作任务:变电所2号电源进线由运行转检修,低压母线继续运行。

学员根据操作任务自行确定操作方案,填写倒闸操作票于表13.1中,并根据现场实际操作规程和人员角色分配,在电气控制屏上进行模拟倒闸操作。

表13.1 两路转一路倒闸操作票

××变电站			操作开始时间　　年　月　日　时　分 操作终结时间　　年　月　日　时　分
操作任务:变电所2号电源进线由运行转检修,低压母线继续运行			
√	顺序	操作项目	
	1		
	2		
	3		
	4		
	5		
	6		
	7		
	8		
	9		
	10		

操作人:×××　　　　　　　　　　监护人:×××　　　　　　　　值班负责人:×××

四、实验报告

实验完成后,整理倒闸操作票,并结合倒闸操作规则检查操作票是否符合要求,操作步骤是否正确,确认无误后,书面提交倒闸操作票作为实验报告。

实验 **14**

一路进线供电转两路供电倒闸操作

一、实验目的

①了解母联备投的原理和工作方式。

②熟悉倒闸操作的要求及步骤,倒闸操作注意事项。

③熟悉如何在变配电控制屏进行倒闸操作。

二、实验原理

电源进线:本装置共有两路 35 kV 电源进线:一路是架空线——甲线,另一路是电缆线——乙线。最常见的进线方案是一路电源来自发电厂或电力系统变配电站,作为正常工作电源;另一路取自邻近单位的高压联络线,作为备用电源,也可两路电源同时供电。

装置中的粗实线称为母线,是配电装置中用来汇集和分配电能的导体。如果该配电站采用一路电源工作,一路电源备用,则母线分段开关通常是闭合的。

检测、保护装置:为了测量、监视、保护和控制主电路设备的工作情况,每段母线上都接有电压互感器,进线和出线上都接有电流互感器。

高压配电出线:由于高压配电线路都是由高压母线分配,因此其出线断路器需在母线侧加装隔离开关,以保证断路器和出线的安全检修。

三、实验步骤

初始运行状态:变电所正常运行状态,即 1 号电源进线对 1 号主变供电,2 号电源进线对 2 号主变供电,高压母线和低压母线均分段运行。

操作任务:变电所 1 号电源进线由检修转运行,低压母线继续运行。

学员根据操作任务自行确定操作方案,填写倒闸操作票于表 14.1 中,并根据现场实际操作规程和人员角色分配,在电气控制屏上进行模拟倒闸操作。

表 14.1　一路转两路倒闸操作票

××变电站			操作开始时间　　年　月　日　时　分 操作终结时间　　年　月　日　时　分
操作任务:变电所 1 号电源进线由转检修运行,低压母线继续运行			
√	顺序	操作项目	
	1		
	2		
	3		
	4		
	5		
	6		
	7		
	8		
	9		
	10		

操作人:×××　　　　　　　　　　　监护人:×××　　　　　　　　　值班负责人:×××

四、实验报告

实验完成后,整理倒闸操作票,并结合倒闸操作规则检查操作票是否符合要求,操作步骤是否正确,确认无误后,书面提交倒闸操作票作为实验报告。

附录 **1**

实验台简介

1.实验台的主要特点

DJZ-ⅢC 型电气控制与继电保护实验台是专为熟悉各种继电器特性实验、变压器常规和微机差动保护实验、模拟线路电流电压常规保护和微机保护实验以及常规距离保护和微机距离保护实验设计的装置,实验台由各种常规电磁式继电器和线路模型、变压器和微机型继电保护装置等组成。实验台的主要特点有如下所述:

①实验台上装有漏电保护,确保实验进程安全。

②实验台配置齐全,既有常规的各种电磁式继电器、常规和微机的电流电压保护和距离保护,又有线路模型,还可以完成常规和微机的变压器差动保护。学生可以自行设置短路点,真实模拟线路故障情况,还可以自行设计保护接线,提高动手能力和分析能力。

③实验台的微机保护含有电流、电压保护,阻抗保护,变压器差动保护 3 种功能,可以分别完成 3 种保护实验。

④实验台的微机保护,具有良好的自诊断功能、事故记录和事件顺序记录功能。能显示各种信息,调试方便,有利于教学活动。

⑤实验台的微机保护可以进行现场手动跳、合闸操作,当配置上位机和有关软件包时,可实现遥测、遥信和遥控功能,可远程监测和修改下位机的整定值设置(此功能作为附加功能,要求实现此功能必须在产品订货合同里加以注明)。

装置外形面板布置图如附图 1.1 所示。

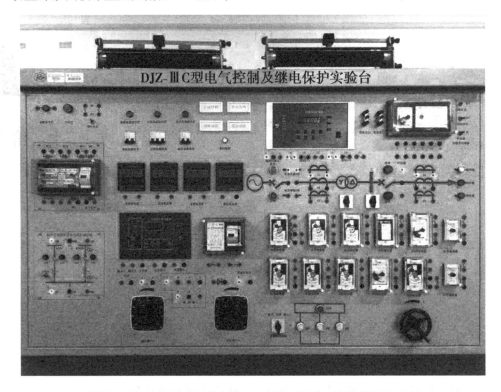

附图 1.1　DJZ-ⅢC 电气控制及继电保护实验台外形及面板布置图

一次系统图如附图 1.2 所示。

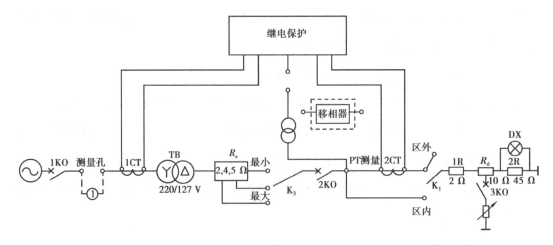

附图 1.2　DJZ-ⅢC 一次系统图

2.实验台面板布置

本实验指导书中所介绍的实验内容涉及的部分设备,其符号代号及作用定义如下所述。

DX1	动作信号
DX2	闪光灯
DX3	单相电源指示灯
DX4	三相电源指示灯
DX5	直流电源指示灯
DX6	手动合闸光字牌
DX7	手动分闸光字牌
DX8	故障动作光字牌
DX9	重合闸动作光字牌
BK	操作开关
DX10	模拟断路器 2KO 合闸信号灯
DK	单相电源开关
DX11	模拟断路器 2KO 合闸信号灯
SK	三相电源开关
DX12	模拟线路 A 相负载指示灯
ZK	直流电源开关
DX13	模拟线路 B 相负载指示灯
FTK	防跳开关
DX14	模拟线路 C 相负载指示灯
CHK	重合开关
JSK	加速方式选择开关(有前加速,不加速,后加速)
GLJ	功率方向继电器
CDJ	差动继电器
ZKJ	方向阻抗继电器
FDJ	负序电压继电器
CHJ	电磁式三相一次重合闸继电器

KA	电流继电器
KV	电压继电器
KT	时间继电器
KS	信号继电器
KM	中间继电器
GC1	交流 220 V 电源(单相调压器 TY1)输出接线柱(a,o)
GC2	三相交流电源输出接线柱(a,b,c,o)
GC3	直流 220 V 电源输出接线柱(+,−)
GC4	交流 220 V 电源(单相调压器 TY2)输出接线柱(a,o)
GC5	移相器输出接线柱(a,b,c)
GC6	电流、电压量测试孔
GC7	1CT 二次侧测试孔
GC8	PT 测试孔
GC9	2CT 二次侧测试孔
LP_1	微机保护出口投退连接片
LP_2	常规保护出口投退连接片
1SK	模拟断路器 1KO 的合闸按钮
1SKP	模拟断路器 1KO 的分闸按钮
2SK	模拟短路开关
SA、SB、SC	分别是 A、B、C 三相模拟短路选择开关
K1	模拟变压器差动保护区内、区外故障转换开关,设有"区内""区外""线路"3 个选择挡
K2	手动跳合闸及信号控制开关,设有"合闸""分闸"两挡,中间为自恢位点
K3	模拟系统阻抗切换开关,设有"最大""正常""最小"3 个选择挡
ZNB-Ⅱ型	智能式多功能表(其使用方法见附录 2 中的说明)
WB	微机保护箱(其使用方法见附录 3 的说明)
1KO、2KO	分别为线路段两个模拟断路器
3KO	故障模拟断路器

R1	限流电阻,阻值为每相 2 Ω
Rd	线路段三相模拟电阻,阻值分别为每相 10 Ω
Rs	系统模拟阻抗,Rs.min = 2 Ω,Rs.n = 4 Ω,Rs.max = 5 Ω
TY	三相自耦调压器
YX	移相器

3.实验台的应用

DJZ-ⅢC 型电气控制与继电保护实验台是武汉华工大电力自动技术研究所针对《电力工程》《继电保护》《电气工程》等课程中有关继电保护的基础教学内容而设计的,实验台上安装有各种电磁式的继电器,如电流继电器、电压继电器、中间继电器、信号继电器、差动继电器、功率继电器、方向阻抗继电器、负序电压继电器、三相一次重合闸;线路模型;变压器和微机保护装置等。学生可以完成单个继电器的特性实验,可以采用积木式办法,将继电器组合起来做整组实验;也可以利用变压器常规、微机变压器差动保护;还可以利用线路模型完成常规和微机的电流电压保护及距离保护实验;同时提供了学生自己组合设计实验的平台。

DJZ-ⅢC 型电气控制与继电保护实验台除了装有常规的继电器外还装有测量时间相位用的多功能表及移相器、调压器等设备,由这些设备可组成一个完整系统,学生使用起来极为方便。实验台所提供的硬件平台还可作为本科生课程设计、毕业设计和生产实习等项目的基础平台。

DJZ-ⅢC 型电气控制与继电保护实验台上的 ZNB-Ⅱ 智能式多功能表的使用方法见附录 2。微机保护箱的使用方法见附录 3。

4.实验台使用注意事项

①DJZ-ⅢC 型电气控制与继电保护教学实验台的工作电流和工作电压不得超过允许值。实验电流较大时,不得长期工作。

②实验前检查所有刀闸应在断开位置,电源信号灯均熄灭,此时才能接线。

③接线过程中密切注视刀闸位置,以防误操作引起事故。

④接线完毕,要由另一人检查线路。

⑤实验中不允许带电改接线路。

⑥实验过程中没有使用的 CT,其二次侧应该短路。

附录 **2**

ZNB-Ⅱ智能式多功能表使用说明

一、用途及特点

ZNB-Ⅱ智能式多功能表采用美国 INTEL 公司高档 16 位微机处理器—80C196KC 作为中央处理器(CPU)。80C196KC 内部资源丰富,集成度高,功能强大,极有利于构成各种高性能控制器。

ZNB-Ⅱ智能式多功能表可以用来测量外接电流、电压之间的相位,测量动作时间和外接电压的频率。

ZNB-Ⅱ智能式多功能表面板图如附图 2.1 所示。

二、主要技术数据

①工作电压:220 V 交流。

②测量电压范围:2.4~100 V。

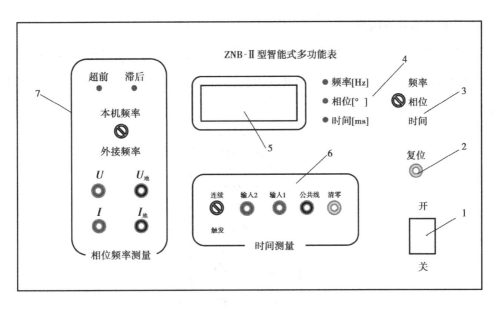

附图 2.1　ZNB-Ⅱ智能式多功能表面板图

图中:1—电源开关;2—主机复位开关,在装置出现异常现象时,按压此按键可恢复正常工作;3—功能选择开关,有频率、相位、时间 3 种供使用时选择;4—功能指示灯,亮灯信号与功能选择开关的位置相对应;5—显示屏;6—时间测量单元;7—相位频率测量单元

③测量电流范围:0.02~5 A。

④测量精度:时间 1 ms;相位 1°;频率 0.1 Hz。

⑤频率测量范围:20~1 000 Hz。

⑥相位测量范围:−180°~+180°。

⑦时间测量范围:1~9 999 ms。

三、使用方法

1.频率测量方法

附图 2.2 所示为 ZNB-Ⅱ智能式多功能表中相位频率测量单元的平面布置图,当测量频率时,操作步骤如下所述:

①将功能选择开关 3 置于"频率"处,此时频率[Hz]指示灯 4 亮。

②当测量本机频率时,将相位频率测量单元的开关倒向"本机频率"一侧,此时显示屏显

119

示的数据为电源本身的频率。

③当测量外接电压的频率时,在相位频率测量单元内的 U 与 $U_{地}$ 之间接入电压(注意:接入电压的幅值不应太小)。然后将测量单元内的开关倒向外接频率一侧,此时,显示屏显示的数据为外接电压的频率。

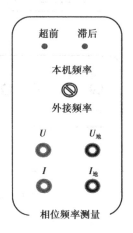

附图 2.2　相位频率测量单元布置图

2.相位测量方法

相位测量步骤如下所述:

①在 ZNB-Ⅱ智能式多功能表的相位频率测量单元的 U、$U_{地}$ 之间接入电压信号,在 I、$I_{地}$ 之间串联接入电流信号。

②将功能选择开关 3 置于"相位",此时"相位[°]"灯亮,将相位频率测量单元的开关倒向外接频率一侧。

③显示屏显示的数据即为引入的电压信号与引入的电流信号之间的相位差值。

④相位频率测量单元中的"超前""滞后"的定义如下:当电压超前电流时,"超前"指示灯亮,当电压滞后电流时,"滞后"指示灯亮。(例如,当显示值为 57.6,且"滞后"指示灯亮时,表示经电压接线柱引入的电压信号在相位上要滞后经电流接线柱引入的电流信号角度为 57.6°。)

注意:

①在进行相位测量时,电压信号与电流输入信号不要接错了位置,且电压信号是并联接入的,电流信号是串联在回路中的。

②在进行相位测量时,位于"超前""滞后"指示灯下面的开关应置于"外接频率"一侧。

否则,测量所用的电压信号就是装置的电源电压信号。

③要注意电压、电流输入信号与装置上所标注的接线柱的极性间的对应关系。

④当电压或电流输入信号的幅值变化较大时,为保证测量准确性,应先将移相器置于 0°位置,按压面板正中下方的"清零"按钮直到显示屏显示为零后再放开"清零"按钮,然后开始进行测量。

3.时间测量方法

附图 2.3 所示为 ZNB-Ⅱ智能式多功能表中的时间测量单元的平面布置图。

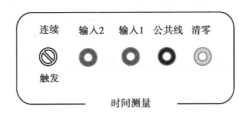

附图 2.3 时间测量单元平面布置图

清零按钮:使显示屏显示零,每次进行时间测量前均应先按"清零"按钮。

连续、触发开关:当开关置于"连续"一侧时,时间记录是连续进行的,即当给出了时间测量的启动信号后,显示屏开始计量时间的大小,直到人为地给出停止计数的控制信号计数才停止,不管启动信号是否消失,显示屏都不会停止计数;当开关置于"触发"一侧时,显示屏显示的值为触发脉冲持续的时间,即有触发脉冲时,开始计量时间的大小,当触发脉冲消失时,自动停止计数。

公共线与输入 1 配合使用时作为启动信号;公共线与输入 2 配合使用时作为停止信号。

应用举例。

(1)测量时间继电器动作时间

接线如附图 2.4 所示,将时间测量单元的开关倒向"连续"一侧,启动信号为 BK 开关两端接公共线与输入 1,停止信号为 SJ 触点两端接公共线与输入 2。测量时按图接好线,当 BK 合上时,一对接点接通时间继电器 SJ,表示故障开始,另一对接点同时启动计时,当 SJ 动作,触点闭合时,即停止计时,显示屏显示的数据即为时间继电器的动作时间。

(2)测量故障的持续时间(或波形的脉冲宽度)

接线如附图 2.4 所示,将时间测量单元的开关倒向"触发"一侧,BK 开关接点两端接公共线与输入 1,SJ 的接点不接。当 BK 合上时,一对接点接通时间继电器表示故障开始,另一对接点同时计时,BK 拉开,则计时结束,显示屏显示的时间即为故障持续时间,或脉冲宽度。当短路再次出现(BK 再次合上)时,若没有按压"清零"键,则时间测量显示值在原基础上继续增加,显示值为两次短路的持续时间,所以在测量故障持续时间时,应在每次测量开始前人为地按压"清零"键。

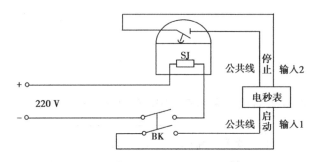

附图 2.4　时间继电器动作时间测试原理图

四、注意事项

①测量电压不得超过 100 V,测量电流不得超过 5 A。

②测量电压、电流小于最小测量电压、电流时,多功能表工作不稳定是正常现象。

③测量相位时,必须将相位频率测量单元的开关置于外接频率处。

附录 **3**

微机保护装置的使用方法

一、微机保护单元箱的面板布置

本实验台所设微机保护装置的面板示意图如附图 3.1 所示。

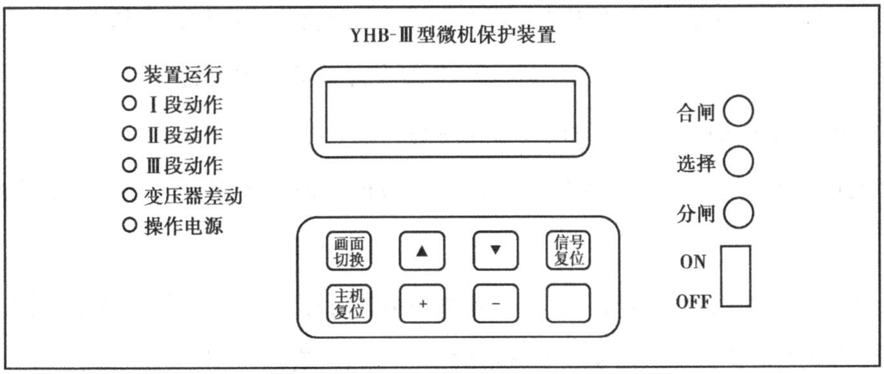

附图 3.1　微机保护面板示意图

面板布置示意图分成 5 个区域,如下所述。

①面板正中上层为数据信息显示屏区域。

②面板左上角为信号指示灯区域。

③面板右上角为手动跳、合闸操作区域。

④面板右下角为装置电源开关。

⑤面板正中下层为保护装置进行人机对话的键盘输入区。

二、装置面板各部分的作用

1.显示屏

微机保护的显示内容分为 4 个部分,即正常运行显示、故障显示、整定值浏览和整定值修改。

正常运行显示内容根据不同的保护有不同的项目,每项显示由类型代码和反映其测量大小的数据组成。

故障显示是在装置检测到故障并满足预先设定的条件后自动从正常显示状态切换到故障显示画面,本保护装置的故障显示由 7 个画面组成,相应地记录过去七次故障数据,最近的故障画面在最上层,通过“▲”或“▼”键可浏览所有画面,且浏览过程是连续进行的,即当到达第七个故障画面时,再按“▼”键时将显示第一个画面,当到达第一个画面时,再按“▲”键将显示第七个画面的内容,每个故障画面包含了故障的类型、故障电流的大小。

整定值浏览可观看装置的保护设置情况,但不能够修改整定值的大小;当输入密码正确时可进入整定值修改画面,通过使用“▲”“▼”键可观看装置的保护设置情况,通过配合使用“+”“-”键可修改整定值的大小或设置性质,本实验台微机保护装置整定值的设置情况和具体操作方法详见后面的装置整定值设置部分说明。

DJZ-ⅢC 型电气控制及继电保护实验台所设微机保护装置正常运行时显示的内容见附表3.1。

由于本实验台微机保护装置设有 3 个方面的实验内容,为了便于区分各个不同的实验内容,特在正常运行时让每个方面实验所显示的画面项目上有所区别。

当进行线路电压电流保护实验时,正常循环显示画面为:2A→2B→2C→U1。

当进行线路阻抗保护实验时,正常循环显示画面为 2A→2B→2C→U1→U2→U3。

当进行变压器差动保护实验时,正常运行循环显示画面为 1A→2A→1B→2B→1C→2C。

附表 3.1　微机保护装置正常运行显示项目

显示屏内容	含　义
1A-×××	变压器一次侧 A 相电流幅值,×××表示电流幅值的大小(以下同)
1B-×××	变压器一次侧 B 相电流幅值
1C-×××	变压器一次侧 C 相电流幅值
2A-×××	变压器二次侧 A 相电流幅值
2B-×××	变压器二次侧 B 相电流幅值
2C-×××	变压器二次侧 C 相电流幅值
U1-×××	PT 测量点 AB 相线电压幅值
U2-×××	PT 测量点 BC 相线电压幅值
U3-×××	PT 测量点 CA 相线电压幅值

微机保护装置故障显示画面的设置见附表 3.2。

附表 3.2　微机保护装置故障显示项目

	显示屏内容	含　义	备　注
装置自检信息	――┝A――	主板芯片 62256 故障	
	――┝0――	主板芯片 27C256 故障	
	–8255–	主板芯片 8255 故障	
线路电压电流保护实验时	5d-×××	Ⅰ 段保护动作,×××为动作时电流幅值大小(以下同)	
	GL-×××	Ⅱ 段保护动作	
	FH-×××	Ⅲ 段保护动作	
	――CH――	重合闸动作	
	G5-×××	加速跳闸	
线路阻抗保护实验时	XY-abc	式中 X、Y 取值均可为 1、2、3,当 X 取 1、2、3 分别表示 Ⅰ、Ⅱ、Ⅲ 段保护动作;Y 取 1、2、3 分别表示 AB、BC、CA 相; 式中 abc 表示动作阻抗模值的大小;例如:当故障动作后显示为 12–5.60 时,其含义为 BC 相 Ⅰ 段保护动作,动作时测量阻抗模值为 5.60 Ω	

续表

	显示屏内容	含　义	备　注
变压器差动保护实验时	5d-×××	变压器速切保护动作,×××为动作时差电流幅值大小(以下同)	
	Cd-×××	变压器差动保护动作	

说明:

①数码管显示由 6 位组成,正常显示画面时,前三位显示表示电量的代码,后三位显示的是其幅值大小。

②发生故障时,有关的显示格式基本上与正常显示画面的格式一样,前三位表示故障的类型,后三位表示保护动作时的幅值大小。

③当进行线路电压电流保护实验时,故障显示与故障指示灯的点亮同步进行,即当故障满足出口条件时,装置发出跳闸命令的同时显示故障的类型和保护动作时的最大电流幅值大小;当进行线路阻抗保护实验时,故障显示与故障指示灯的点亮有时不是同步进行的,即对有时间延时的保护,在动作时间还没有到时,先显示保护类型和测量阻抗模值大小,当时间到达后才发出跳闸命令,并点亮相应的指示灯;当进行变压器差动保护实验时,故障显示与故障指示灯的点亮也是同步进行的。

④装置故障时只显示故障代码。

2.指示灯

在面板左上角的指示灯区域,"装置运行"指示灯反映了程序的运行状况,当此指示灯有规律地闪烁时表示程序运行正常;"操作电源"指示灯反映了操作电源的状况,当装置的出口继电器没有操作电源时此指示灯将熄灭;"Ⅰ段动作"指示灯点亮表示装置测量到Ⅰ段动作条件已满足,装置已经发出了Ⅰ段跳闸命令;"Ⅱ段动作"指示灯点亮表示装置测量到Ⅱ段动作条件已满足,装置已经发出了Ⅱ段跳闸命令;"Ⅲ段动作"指示灯点亮表示装置测量到Ⅲ段动作条件已满足,装置已经发出了Ⅲ段跳闸命令。

3.手动跳合闸操作区域

由合闸、分闸和选择 3 个按钮组成了手动合、分闸操作区域。当同时按压"选择"按钮与"合闸"按钮时,将进行手动合闸操作;当同时按压"选择"按钮与"分闸"按钮时,将进行手动分闸操作。在微机面板上进行手动合、分闸操作的功能与在实验台面板上操作对应的控制按钮类同。

注意:在微机面板上进行手动合、分闸操作时,每进行一次都要通过面板上的"信号复位"键进行复位操作,让三段信号指示灯均处于熄灭状态。

4.装置电源开关

装置电源开关位于面板的右下角。当开关打向"ON"侧时就接通了装置的工作电源,保护装置开始工作;当开关打向"OFF"侧时就断开了装置的工作电源,保护装置停止工作。

5.键盘输入区域

键盘输入区域位于装置的正中下层位置。它们是进行人机对话的纽带,每个触摸按键的作用如下所述:

画面切换——用于选择微机的显示画面。微机的显示画面由正常运行画面、故障显示画面、整定值浏览和整定值修改画面组成,每按压一次"画面切换"按钮,装置显示画面就切换到下一种画面的开始页,画面切换是循环进行的。

▲ —— 选择上一项按钮,主要用于选择各种整定参数单元。

▼ —— 选择下一项按钮,主要用于选择各种整定参数单元。

信号复位 —— 用于装置保护动作之后对出口继电器和信号指示灯进行复位操作。

主机复位 —— 用于对装置主板 CPU 进行复位操作。

+ —— 参数增加按钮,主要用于修改整定值单元的数值大小。

– —— 参数减小按钮,主要用于修改整定值单元的数值大小。

另一个按钮是为了进一步开发所保留的按钮,现阶段没有使用。

三、装置整定值设置

本装置有两种定值类型,即投退型(或开关型)和数值型。定值表中(或定值显示)为 ON/OFF 的是保护功能投入/退出控制字,设为"投入"时开放本段保护,设为"退出"时退出本段保护。

整定时不使用的保护功能应将其投入/退出控制字设置为"退出"。

采用的保护功能应将其投入/退出控制字设置为"投入",同时按系统实际情况,对相关电流、电压及时限定值认真整定。

本装置中与整定值有关的显示画面有两种类型,即整定值浏览和整定值修改。

在整定值浏览显示画面时,只能通过使用触摸按钮"▲""▼"观看整定值的设置情况,但不能够对其进行修改。

在输入密码正确的情况下可进入整定值修改显示画面,这时的整定值可以进行修改。进入整定值修改显示画面的方法:按压"画面切换"触摸按钮直到出现输入密码画面(当显示选择为数码管时,要等到出现显示[PA_]画面),再通过按压触摸按钮"+"或"−"输入密码,待密码输入好后按压触摸按钮"▼",这时,如果输入密码正确就可进入整定值修改显示画面,否则将不能够进入。

进入整定值修改显示画面的简捷方法:同时按压触摸按钮"▲"和"▼"。

在进入整定值修改显示画面之后,通过按压触摸按钮"▲""▼"可选择不同的整定项目,对投退型(或开关型)整定值,通过按压触摸按钮"+"可在投入/退出之间进行切换;对数值型整定时,通过触摸按钮"+""−"对其数据大小进行修改。当整定值修改完成之后,按压"画面切换"触摸按钮进入定值修改保存询问画面,这时,选择按压触摸按钮"+"表示保存修改后的整定值;若选择按压触摸按钮"−",则表示放弃保存修改后的整定值,仍使用上次设置的整定值参数。

本装置的所有整定值参数均保存在非易失性的 E2PROM 芯片 X25043 之中。X25043 除了保存整定值参数外,其还具有低电压复位和软件看门狗的功能。

注意事项如下所述。

①电流显示系数和电压显示系数的数值大小是装置在出厂时已经调整好的,用户不应对其再进行修改。

②当装置显示画面为非正常运行画面时,若在 10 s 内没有对任何触摸按钮进行操作,则会自动切换到正常运行显示画面。特别是在进行整定值修改时,若被自动切换到正常运行显示画面,就意味着在此前进行的整定值修改将不起作用。

③整定值参数的取值范围、步长可根据用户的要求进行。

④微机保护装置有 3 套保护整定值,通过对相关整定值的设置内容来确定选择哪一套来作为当前使用的整定值。

DJZ-ⅢC 型电气控制及继电保护实验台微机保护装置整定值浏览和修改时有关显示代

码及含义见附表 3.3、附表 3.4 和附表 3.5。

附表 3.3　线路电压电流保护实验时整定值设置代码表

代码	含　义	备　注
E1	设置为"OFF",表示不选择阻抗保护实验	此两项内容在进行定值浏览时不显示
E2	设置为"OFF",表示不选择变压器保护实验	
E3	设置为"ON",表示选择操作台面板上的重合闸继电器进行重合闸实验	
01	Ⅰ段保护动作延时时间	
02	Ⅱ段保护动作延时时间	
03	Ⅲ段保护动作延时时间	
04	重合闸动作延时时间	
05	Ⅰ段保护动作电流幅值整定值	
06	Ⅱ段保护动作电流幅值整定值	
07	Ⅲ段保护动作电流幅值整定值	
08	低电压启动电压幅值整定值	
09	Ⅰ段保护投退控制,"ON"表示投入	
10	Ⅱ段保护投退控制,"ON"表示投入	
11	Ⅲ段保护投退控制,"ON"表示投入	
12	低压闭锁功能投退控制,"ON"表示投入	
13	重合闸投退控制,"ON"表示投入	
14	电流显示系数	
15	电压显示系数	
PA	整定值修改允许密码	

附表 3.4　线路阻抗保护实验时整定值设置代码表

代码	含　义	备　注
E1	设置为"ON",表示选择阻抗保护实验	此两项内容在进行定值浏览时不显示
E2	设置为"OFF",表示不选择变压器保护实验	
E3	设置为"ON",表示选择操作台面板上的重合闸继电器进行重合闸实验	
t2	相间距离Ⅱ段保护动作延时时间	
t3	相间距离Ⅲ段保护动作延时时间	
r1	阻抗特性电阻分量	
H1	相间Ⅰ段电抗分量	
H2	相间Ⅱ段电抗分量	
H3	相间Ⅲ段电抗分量	
Iq	电流突变量启动门槛	
04	重合闸动作延时时间	
13	重合闸投退控制,"ON"表示投入	
15	电流显示系数	
U5	电压显示系数	
PA	整定值修改允许密码	

附表 3.5　变压器差动保护实验时整定值设置代码表

代码	含　义	备　注
E1	设置为"OFF",表示不选择阻抗保护实验	此两项内容在进行定值浏览时不显示
E2	设置为"ON",表示选择变压器保护实验	
C1	速切保护投退控制,"ON"表示投入	

续表

代码	含　义	备　注
C2	差动保护投退控制,"ON"表示投入	
C3	差动比例系数	
C4	谐波比例系数	
C5	速切整定值	
C6	差动门槛整定值	
C7	制动门槛整定值	
C8	电流显示系数	
PA	整定值修改允许密码	

说明:

①整定值显示格式:XY-ABC。

其中:XY 表示整定值代码;ABC 表示对应整定值的大小或性质。

②本单元箱可进行 3 个方面的实验,通过对 E1 和 E2 两项整定值的不同设置可选择进行不同的实验内容。E1 和 E2 两项整定值在进行整定值浏览时不显示,只有进入整定值修改画面时才能够显示,并能够进行修改。当 E1 设置为"ON"时,表示选择进行阻抗保护实验;当 E2 设置为"ON"时,表示选择进行变压器保护实验;当 E1 和 E2 均设置为"OFF"时,表示选择进行线路保护实验;当 E1 和 E2 均设置为"ON"时,能够进行阻抗保护实验。

四、装置整定值修改示例及注意事项

1.微机保护装置整定值选组确定示例

本实验台所设微机保护装置可进行 3 个方面的实验内容。每个不同的实验内容对应有相应的整定值组,通过对 E1 和 E2 两项整定值的设置可选择不同的整定值组别。如果微机保护装置现在运行在线路阻抗保护,准备将程序切换到变压器差动保护,其操作步骤如下所述。

①同时按压触摸按钮"▲"和"▼"直接进入整定值修改显示画面。

②再按"▼"键到达显示"E1-ON",通过按压"+"键将其改为"E1-OFF"。

③再按"▼"键到达显示"E2-OFF",通过按压"+"键将其改为"E2-ON"。

④再按"画面切换"键,对新出现的画面选择按"+"键。程序将重新开始运行,这时的正常运行画面就会转为变压器差动保护实验的画面。再通过以下介绍的方法就可修改变压器差动保护实验的整定值参数值。

2.微机保护装置整定值修改示例

通过结合装置整定值的不同设置可达到实现不同实验的目的。保护装置整定值的修改比较简单,方法之一是通过"画面切换"按钮进入整定值修改显示画面,在输入正确的密码后就可改变所选择整定值的大小或性质;方法之二是通过同时按压触摸按钮"▲"和"▼"就可直接进入整定值修改显示画面,再通过按"▲"或"▼"到达准备修改的显示参数,通过"+"或"−"键进行大小或性质的改变。例如,修改线路电压电流保护重合闸动作时间为 1.5 s,可根据下面的步骤进行:

①若程序现阶段没有运行在线路电压电流保护中,则先依本节 1 中所介绍的方法将程序切换到线路电压电流保护。

②同时按压触摸按钮"▲"和"▼"直接进入整定值修改画面,这时显示画面应为"E1-OFF"。

③按压触摸按钮"▼",使显示画面为"04-×××"(×××为上次设置的重合闸延迟时间)。

④按压触摸按钮"+"或"−"键,使显示画面中的×××为 1.5。

⑤按压触摸按钮"画面切换",这时显示画面应为"y   n-"。(它提醒操作人员:选择按压触摸按钮"+"键,就可保存已经修改了的整定值;若选择按压触摸按钮"−"键,则表示放弃当前对整定值参数所进行的修改,继续使用上次设置的整定值。)

⑥按压触摸按钮"+"键,保存对整定值参数所作的修改。不管所选择的按钮是"+"键、还是"−"键,按键后的显示画面应为"HELLO"。

在整定值修改完成之后,可通过整定值浏览画面观察修改后的参数设置情况。

3.微机保护装置使用注意事项

①调整整定值参数时,应先确定是否运行在正确的程序中(可通过正常运行时的显示画

面情况进行判定）。

②在改变连接片状态（接通或断开）时，要先使微机的三段保护指示灯处于熄灭状态（通过按压触摸键"信号复位"键来完成）。

③做短路实验时，短路故障电流的持续时间不宜过长。

④微机保护一旦动作后，必须先按微机保护装置上的"信号复位"按钮，才能重新合上模拟断路器。

⑤当使用微机保护装置上的合闸选控键进行合闸操作时，操作完毕后必须按"信号复位"按钮，否则回路被闭锁，保护分闸不能成功。

⑥在正常运行状态下，若面板左上角的"正常运行"指示灯闪烁规律不正确（每 2 s 变化一次），则需要按"复位"键对主机进行复位。

参考文献

［1］刘介才.工厂供电［M］.3 版. 北京:机械工业出版社,2000.

［2］刘介才.工厂供电［M］.5 版. 北京:机械工业出版社,2009.

［3］翁双安.供电工程［M］.北京:机械工业出版社,2010.

［4］许建安.电力系统继电保护［M］. 北京:中国水利水电出版社,2005.

［5］张保会,尹项根.电力系统继电保护［M］.北京:中国电力出版社,2005.

［6］王玮.电气工程实验教程［M］. 北京:清华大学出版社,2006.

［7］朱声石.高压电网继电保护原理与技术［M］.北京:中国电力出版社,2005.

［8］王荣藩.工厂供电设计与实验［M］.天津.天津大学出版社,1992.

［9］天煌实验装置提供的内部资料.

［10］华大实验装置提供的内部资料.